油品储运实用技术培训教材

储运仪表及自动控制技术

中国石化管道储运有限公司　编

中国石化出版社

内 容 提 要

　　本书为《油品储运实用技术培训教材》的一个分册，主要介绍输油管道常用的检测仪表、控制仪表，输油管道 SCADA 系统、加热炉控制系统、安全仪表系统、输油管道泄漏检测系统以及 SCADA 系统应急管理与故障处置等内容。每章后均附有思考题。

　　本书可供油品储运的管理人员、技术人员和操作人员使用，也可供仪表和 SCADA 系统抢维修的运行维护人员、技术人员以及设计人员阅读参考。

图书在版编目（CIP）数据

储运仪表及自动控制技术/中国石化管道储运有限
公司编. —北京：中国石化出版社，2019. 11
油品储运实用技术培训教材
ISBN 978 - 7 - 5114 - 5556 - 7

Ⅰ.①储…　Ⅱ.①中…　Ⅲ.①石油与天然气储运 - 检
测仪表 - 自动控制 - 技术培训 - 教材　Ⅳ.①TE978

中国版本图书馆 CIP 数据核字（2019）第 234909 号

中国石化出版社出版发行

地址:北京市东城区安定门外大街 58 号
邮编:100011　电话:(010)57512500
发行部电话:(010)57512575
http://www.sinopec-press.com
E-mail:press@ sinopec.com
北京富泰印刷有限责任公司印刷
全国各地新华书店经销
＊
787 × 1092 毫米 16 开本 11 印张 233 千字
2020 年 1 月第 1 版　2020 年 1 月第 1 次印刷
定价:60.00 元

《油品储运实用技术培训教材》
编审委员会

《储运仪表及自动控制技术》
编写委员会

主　　编：邓　彦

副 主 编：田洪波

编　　委：周　明　刘　亭　雍永鹏　温　建

　　　　　李荔侠　李昌岑　马　娟　冷鑫宁

　　　　　胡　斌　马巧铃　王兴娇　孙德强

序

管道运输作为我国现代综合交通运输体系的重要组成部分，有着独特的优势，与铁路、公路、航空水路相比投资要省得多，特别是对于具有易燃特性的油气运输、资源储备来说，更有着安全、密闭等特点，对保证我国油气供应和能源安全具有极其重要的意义。

中国石化管道储运有限公司是原油储运专业公司，在多年生产运行过程中，积累了丰富的专业技术经验、技能操作经验和管道管理经验，也练就了一支过硬的人才队伍和专家队伍。公司的发展，关键在人才，根本在提高员工队伍的整体素质，员工技术培训是建设高素质员工队伍的基础性、战略性工程，是提升技术能力的重要途径。基于此，管道储运有限公司组织相关专家，编写了《油品储运实用技术培训教材》。本套培训教材分为《输油技术》《原油计量与运销管理》《储运仪表及自动控制技术》《电气技术》《储运机泵及阀门技术》《储运加热炉及油罐技术》《管道运行技术与管理》《储运HSE技术》《管道抢维修技术》《管道检测技术》《智能化管线信息系统应用》等11个分册。

本套教材内容将专业技术和技能操作相结合，基础知识以简述为主，重点突出技能，配有丰富的实操应用案例；总结了员工在实践中创造的好经验、好做法，分析研究了面临的新技术、新情况、新问题，并在此基础上进行了完善和提升，具有很强的实践性、实用性。本套培训教材的开发和出版，对推动员工加强学习、提高技术能力具有重要意义。

前　言

《储运仪表及自动控制技术》为《油品储运实用技术培训教材》其中一个分册，本书适合从事油品储运的管理人员、技术人员和操作人员，从事仪表和SCADA系统抢维修的运行维护人员、技术人员以及设计人员使用，也可供石油化工、能源运输领域人员学习参考。

本书共7章，第1章常用检测仪表，主要介绍仪表基础知识、输油管道常用的压力仪表、温度仪表、流量仪表、液位仪表和分析仪表；第2章常用控制仪表，主要介绍输油管道常用的调节阀和泄压阀；第3章输油管道SCADA系统，主要介绍SCADA系统组成与软硬件配置、SCADA系统功能、报警和安全联锁保护、紧急停车、水击超前保护及运行与维护；第4章加热炉控制系统，主要介绍加热炉控制系统组成与硬件配置、系统功能及运行维护；第5章安全仪表系统，主要介绍安全仪表系统组成与硬件配置、安全仪表功能及运行维护；第6章输油管道泄漏检测系统，主要介绍常用的泄漏检测方法、泄漏检测系统组成与硬件配置及运行维护；第7章SCADA系统应急管理与故障处置，主要介绍SCADA系统故障分类及其风险分析、SCADA系统故障下的汇报处理程序和输油生产应急处置程序。每章后均附有思考题。

本书由中国石化管道储运有限公司邓彦任主编，中国石化管道储运有限公司运销处田洪波任副主编，中国石化管道储运有限公司运销处周明、刘亭、胡斌，华东管道设计研究院有限公司雍永鹏、李昌岑，南京培训中心李荔侠，南京输油处马娟，天津输油处马巧玲，抢维修中心温建、冷鑫宁、王兴姣参加编写。其中李荔侠编写第1章的仪表基础知识、压力和温度仪表，马娟编写液位仪表，李昌岑编写流量和分析仪表，刘亭编写第2章、第3章的水击超前保护和第7章，周明编写第3章和第7章，冷鑫宁编写第4章，雍永鹏编写第5章和第6章，温建、王兴姣编写第2、3、5章的运行与维护，马巧玲、孙德强编写第1章的硫化氢探测器和第6章的运行与维护，胡斌编写第7章。中国石化出版社对教材的编写和出版工作给予了通力协作和配合，在此一并表示感谢。

由于本教材涵盖内容较多，编写难度较大，编者水平有限，加之编写时间紧迫，书中难免存在错误和不妥之处，敬请广大读者对教材提出宝贵意见和建议，以便教材修订时补充更正。

目　　录

第一章 常用检测仪表

第一节 检测仪表基础知识

在管道输油生产中，为了正确地指导生产操作、保证生产安全、降低生产成本和实现生产过程自动化，有必要了解和掌握测量误差、仪表的性能指标、仪表的检定及校准等相关知识。

一、测量误差

（一）误差的概念[1][2]

在测量的过程中，由于所使用的测量工具本身不够准确，观测者的主观性和周围环境的影响等等，使得测量的结果不可能绝对准确。由仪表测得的被测值与被测量真值之间，总是存在一定的差距，这一差距就称为测量误差。

（二）误差的表示方法[1][2]

测量误差按照其表示方法的不同分为绝对误差和相对误差。

1. 绝对误差

$$绝对误差 = 仪表的指示值 - 被测量的真值 \qquad (1-1)$$

绝对真值是不可能得到的，所以一般均以基准仪器的测量值代表真值，叫作约定真值，它与真值之差可以忽略不计。为了简化有时用"真值"这个词表示约定真值。而在实际测量中又常用上一级标准仪表的测量值当作近似真值。

2. 相对误差[3]

相对误差是绝对误差与被测量真值的百分数，可以表明测量结果的准确程度。常用的相对误差表述方式有如下的 3 种：

（1）实际相对误差，是指绝对误差与被测量实际值（真值）之比的百分数；

$$实际相对误差 = \frac{绝对误差}{被测量实际值} \times 100\% \qquad (1-2)$$

（2）示值相对误差，是指绝对误差与仪表指示值的百分数；

$$示值相对误差 = \frac{绝对误差}{仪表示值} \times 100\% \qquad (1-3)$$

（3）引用相对误差，是指绝对误差与仪表的量程之比的百分数；

$$引用误差 = \frac{绝对误差}{测量范围} \times 100\% \qquad (1-4)$$

当绝对误差为最大值时的引用误差可用于确定仪表的准确度等级。

二、仪表的性能指标

（一）零点
仪表的零点是指仪表在其特定精度下所能测出的最小值（仪表测量范围的下限值）。

（二）量程
仪表测量范围上限值与下限值之差。

（三）准确度
仪表的准确度等级是衡量仪表测量数值准确度的重要指标。准确度等级数值越小，表示该表的准确度等级越高，也说明该仪表的准确度越高。油气管道常用压力表准确度等级序列为：0.1、0.16、0.25、0.4（GB/T 1227—2002《精密压力表》）[3]；1.0、1.6、2.5、4.0（GB/T 1226—2001《一般压力表》）[3]等。仪表的准确度等级一般用不同的符号形式标志在仪表面板上，如：1.6级，就用圆圈中写入1.6表示。

（四）变差
变差是指在外界条件不变的情况下，用同一仪表对被测量分别进行正行程（被测参数逐渐由小到大）和反行程（被测参数逐渐由大到小）测量时，被测量值正行和反行所得到的指示值不相等，两者之间的差值称为该仪表在该点的回差（也称变差）。

变差的大小，用在同一被测参数值下，正反行程间仪表指示值的最大绝对差值与仪表量程之比的百分数表示：

$$变差 = \frac{最大绝对差值}{测量范围上限值 - 测量范围下限值} \times 100\% \tag{1-5}$$

仪表的变差不能超过仪表的允许误差。

三、检定

（一）检定的定义
检定是指"查明和确认测量仪器符合法定要求的活动，它包括检查、加标记和（或）出具检定证书"。也就是说，检定是为评定计量器具（测量仪器）是否符合法定要求，确定其是否合格所进行的全部工作。

（二）检定结果的评定
计量器具（测量仪器）的合格评定就是评定仪器的示值误差是否在最大允许误差范围内；评定的方法就是将被检计量器具与相应的计量标准进行比较，在检定的量值点上得到被检计量器具（测量仪器）的示值误差，再将示值误差与被检仪器的允许误差相比较确定被检仪器是否合格；评定依据是按照所依据的检定规程的程序，经过对各项法定要求的检查，包括对示值误差的检查和其他计量性能的检查，判断所得到的结果与法定要求是否符合，全部符合要求的结论为"合格"，且根据其达到的准确度等级给以符合×等或×级的结论。判断合格与否的原则见 JJF 1094—2002《测量仪器特性评定技术规范》。凡检定结果合格的必须按《计量检定印、证管理办法》出具检定证书或加盖检定合格印，不合格的则出具检定结果通知书。

（三）检定的分类

（1）按照管理环节，检定分为首次检定、后续检定、周期检定、修理后检定、有效期内的检定和仲裁检定。

①首次检定，对未曾检定过的新计量器具进行的一种检定。出厂检定属于首次检定。

②后续检定，计量器具首次检定后的任何一种检定，包括强制性周期检定、修理后检定和周期检定有效期内的检定。新改扩建工程项目（新建、仪表更新）、仪表投用前的检定属于后续检定。

③周期检定，指按时间间隔和规定程序，对计量器具定期进行的一种后续检定。

④修理后检定，指使用中经检定不合格的计量器具，经修理后，交付使用前所进行的一种检定。

⑤有效期内的检定，是指无论是由顾客提出要求，还是由于某种原因使有效期内的封印失效等原因，在检定周期的有效期内再次进行的一种后续检定。

⑥仲裁检定，用计量基准或社会公用计量标准所进行的以裁决为目的的检定活动。

（2）按照管理性质，检定分为强制检定和非强制检定。

①对于列入强制管理范围的计量器具由政府计量行政部门指定的法定计量机构或授权的计量技术机构实施的定点定期的检定。储运系统强制检定的仪表范围：计量交接流量计、可燃气体报警器、硫化氢检测仪以及锅炉和调节阀储气罐等压力容器上的仪表。

②非强制检定，在所有依法管理的计量器具中除了强制检定的以外，其余计量器具的检定都是非强制检定。

四、校准

（一）校准的定义

校准是"在规定的条件下，为确定测量仪器或测量系统所指示的量值，或实物量具或参考物质所代表的量值，与对应的由测量标准所复现的量值之间关系的一组操作"。

（二）校准结果的评定

校准得到的结果是测量仪器或测量系统的修正值或校准值，以及这些数据的不确定度信息。校准结果也可以是反映其他计量特性的数据，如影响量的作用及其不确定度信息。对于计量标准器具的溯源性校准可根据国家计量检定系统表的规定作出符合其中哪一级别计量标准的结论，对一般校准服务，只要提供结果数据及其测量不确定度即可。对校准结果，可出具校准证书或校准报告。如果顾客要求依据某技术标准或规范给以符合与否的判断，则应指明符合或不符合该标准或规范的哪些条款。

（三）检定与校准的主要区别

检定与校准的主要区别见表1-1。

表1-1　检定与校准的主要区别

序号	校准	检定
1	不具法制性	具有法制性
2	确定测量仪器的示值误差	对测量器具仪器的计量特性及技术要求的全面评定
3	依据校准规范、校准方法，可做统一规定也可自行制定	依据必须是检定规程
4	校准测量仪器的示值误差是否合格	对所检的测量仪器作出是否合格的结论
5	校准结果合格的发校准报告，不合格的发结果通知书	检定结果合格的发检定证书，不合格的发结果通知书

（四）校准周期

储运系统常用检测仪表的校准周期见表1-2。

表1-2　储运系统常用检测仪表的校准周期

序号	仪表名称	校准周期	备注
1	弹簧管压力表	6个月	
2	压力变送器	1年	
3	压力开关	1年	
4	双金属温度计	1年	
5	热电阻	1年	
6	热电偶	1年	
7	雷达液位计	1年	
8	超声波液位开关	3个月	
9	可燃气体探测器	6个月	
10	硫化氢气体探测器	1年	
11	调节阀	1年	
12	氮气轴流式泄压阀	6个月	
13	FISHER泄压阀	3个月	

五、防爆等级

防爆标志一般由以下5个部分构成：

防爆标志 Ex——表示该设备为防爆电气设备；

防爆结构型式——表明该设备采用何种措施进行防爆，d 为隔爆型，q 为充砂型，i 为本安型，o 为充油型，p 为正压型，e 为增安型，n 为无火花型，s 为特殊型等等；

防爆设备类别——Ⅰ为煤矿井下用电设备，Ⅱ为工厂用电气设备；

防爆级别——按照设备防爆能力的强弱，分为 A、B、C 三级，安全级别 A < B < C，C 级最强。

温度组别——按照设备最高表面温度允许值，分为 T1 ~ T6 六组，T1 为 450℃，T2、T3 为 200℃，T4 为 135℃，T5 为 100℃，T6 为 85℃。

现场检测仪表的防爆等级不应低于 ExdⅡBT4。

ExdⅡBT4 表示隔爆型、工厂用电气设备、B 级防爆能力、最高表面温度允许值 135℃。

六、防护等级

防护标志一般由以下 3 个部分构成：

IP——外壳防护等级代码。

第一位特征数字——表示防尘程度；用数字 0 ~ 6 表示防护等级，具体含义见表 1-3。

第二位特征数字——表示防水程度；用数字 0 ~ 8 表示防护等级，具体含义见表 1-4。

表 1-3 防护等级第一位特征数字含义

0	1	2	3	4	5	6
无防护	≥直径 50mm	≥直径 12.5mm	≥直径 2.5mm	≥直径 1.0mm	防尘	尘密

表 1-4　防护等级第二位特征数字含义

0	1	2	3	4	5	6	7	8
无防护	垂直滴水	15°滴水	淋水	溅水	喷水	猛烈喷水	短时间浸水	连续浸水

储运系统常用现场检测仪表的防护等级不应低于 IP65。

IP65 表示防护等级为尘密、防喷水。

第二节　压力仪表

在管道输油生产中，压力是重要的工艺参数之一，如加热炉等设备必须在一定压力下工作，压力过高会危及设备安全；外输管线的压力大小及变化还是调节外输流量、判断管线事故（穿孔、堵塞）的重要手段与依据。因此，压力测量是直接关系到生产过程能否优质、安全、高效运行的重要条件，对压力的测量与控制具有十分重要的意义。本节主要介绍了压力基本知识、常用的远传压力测量仪表压力变送器、压力开关的基本原理、技术指标、常见故障与技术处理以及压力测量典型故障案例。

一、压力基础知识

（一）压力的概念

所谓压力是指均匀而垂直地作用于单位面积上的力，其数学表达式为

$$p = F/S \qquad (1-6)$$

式中 p——压力，Pa；

F——均匀垂直作用力，N；

S——受力面积，m^2。

（二）压力的单位

在国际单位制中定义 1 牛顿力垂直均匀地作用在 1 平方米面积上所形成的压力为 1 "帕斯卡"，简称"帕"，符号为 Pa。我国规定帕斯卡为压力的法定单位。因帕斯卡的单位太小，工程上常用千帕（kPa）、兆帕（MPa）等单位。

常用的压力单位还有标准大气压、psi（磅力/平方英寸）、bar 等，表 1-5 给出了各压力单位之间的换算关系。

表 1-5 各压力单位之间换算表

压力单位	帕 Pa	工程大气压 kgf/cm²	标准大气压 atm	磅力/平方英寸 psi	巴 bar
帕 Pa	1	1.01972×10^{-5}	9.86923×10^{-6}	1.4500442×10^{-4}	1×10^{-5}
工程大气压 kgf/cm²	9.80665×10^4	1	9.67838×10^{-1}	1.4224×10	0.980665
标准大气压 atm	1.01325×10^5	1.03323	1	1.4696×10	1.01325
磅力/平方英寸 psi	0.68949×10^4	7.03072×10^{-2}	0.6805×10^{-1}	1	0.68949×10^{-1}
巴 bar	1×10^5	1.01972	0.9869236	1.4500442×10	1

（三）压力的表示方法

绝对压力：以物理真空为基准量度的压强；大小恒为正。

相对压力：以大气压强为基准量度的压强，相对压强的大小通常以压力表上的读数来反映，也叫作表压；大小可正可负。

负压：当绝对压力小于大气压力时，表压为负值，负的压值不能用压力表量测，而用真空表量测，称为真空度。

差压：两个压力之差。

二、压力变送器

（一）概述

压力变送器属于远传压力测量仪表，是将因压力作用而使某种物体产生的变形或位移，转换成电信号或气压信号，经电缆或引压管线远传到值班室或控制室，一方面由显示器显示出被测压力的数值，另一方面供控制器进行比较、计算。

输油生产中，压力变送器主要用来检测进出站压力、泵出口入口压力、泵出口入口汇管压力等，所测量的值为表压（相对压力）；差压变送器主要用来测量过滤器前后的压差、储罐罐底压力等，所测量的值为差压；绝压变送器主要用来测量加热炉炉膛压力（负压）、给油泵入口压力，所测量的值为绝对压力。

长输原油管道常用的压力变送器主要有两种品牌：Rosemount 和 Foxboro。

（二）工作原理（以 Rosemount 压力变送器为例）

Rosemount 系列压力变送器是由 Rosemount 公司生产的一种高性能两线制压力变送器，属于一种智能型的电容式压力变送器。由传感组件部分和电子组件部分构成。图 1-1 为 Rosemount 系列差压式压力变送器的实物图。

工作时，高、低压侧的隔离膜片和灌充液将过程压力传递给中心的灌充液，中心的灌充液将压力传递到中心的传感膜片上。传感膜片是一个紧张的弹性元件，其位移随所受差压而变化（对于 GP 表压变送器，大气压力如同施加在传感器膜片低压侧一样，对于 AP 绝压变送器，低压侧始终保持一个参考压力）。位移量与压力成正比，传感膜片和电容极板之间的电容差值被电子组件转换成相应的电流、电压或数字的 HART 输出信号。图 1-2 为差压式压力变送器原理图。

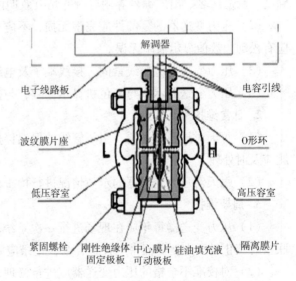

图 1-1　差压式压力变送器实物图　　　　图 1-2　差压式压力变送器原理图

压力变送器和绝对压力变送器的工作原理与差压变送器相同，所不同的是压力变送器低压室压力是大气压，绝对压力变送器低压室压力是真空。

（三）技术指标

常用 Rosemount 压力变送器主要技术指标见表 1-6。

表 1-6　常用 Rosemount 压力变送器技术指标

序号	名称型号规格	精度等级	量程	防护等级	防爆等级
1	3051TG3A2B21AE5M5T1D4	0.075	0～5.5MPa		
2			0～16MPa		
3	3051TG3A2B21AE5M5T1S11199WDA95GRFW21DAA50	0.04	0～5.5MPa		
4			0～27.5MPa	IP65	ExdⅡBT4
5	3051S1TG3A2E11A1AE5M5T1D1	0.025	0～5.5MPa		
6			0～16MPa		
7	3051S1CD0A2F12A1AB3D1D2K5L4M5T1D4	0.025	−200～0Pa		

（四）运行和维护

1. 运行要求

（1）压力变送器的铭牌应完整、清晰，应注明产品名称、型号、规格、测量范围、准确度、制造厂名、出厂编号等内容，并贴有效期内的校验标签。

（2）压力变送器的零部件应完整无损，不应有锈蚀，活动部件应灵活可靠，紧固件不应有松动，数值显示清晰无误。

（3）压力变送器应接线紧固，接线端子及电缆接头无氧化。

（4）压力变送器示数与上位机显示一致，与同位置或相近位置压力仪表示数相近。

2. 日常维护

（1）每天对压力变送器、引压管线的保温伴热和管线渗漏情况进行巡回检查，出现问题应及时处理。

（2）每天对压力变送器的示值情况进行检查，出现问题应及时处理。

3. 周期维护

（1）压力变送器每年应在现场进行一次系统联校，对于防爆区安装的隔爆型变送器，联校时禁止对压力变送器带电开盖，联校记录应归档保存。

（2）对校准不合格的压力变送器应进行修理，修理后仍不合格的，应进行更换。

（3）修理后的压力变送器使用前应重新校准，合格后方能使用。

（4）每台压力变送器应建立档案，内容包括检测参数、安装位置、启用日期、校准和检维修记录。

（五）常见故障及处理

压力变送器常见故障及处理方法见表 1-7。

表1-7　压力变送器常见故障及处理方法

序号	故障现象	故障原因及处理方法
1	变送器液晶屏无显示，上位画面压力值显示零，输出毫安读数为零	检验信号端子是否接通电源
		检查电源线的极性是否接反
		检验端子电压是否处于10.5～42.4V DC之间
		检查浪涌保护器是否故障
2	变送器液晶屏无显示，上位画面压力值正确显示	检查液晶屏的插针是否松动
		更换液晶屏插件
		更换新的变送器
3	与邻近位置的变送器作比对，上位画面数值与输油工艺正常状态差距较大	检验端子电压是否处于10.5～42.4V DC之间 测量回路电流并转化成对应压力数值，分析是否回路故障
		检查4mA和20mA量程点
		检验输出不在报警状态
		检验是否需要4～20mA输出校验
4	变送器对所施加的压力（包括校验用的标准压力源或者实际生产运行产生的压力）变化无响应	检查引压管线是否阻塞
		检验所施压力是否在4mA和20mA设置点之间
		检验输出不在报警状态
		检验变送器是否正确校验
5	变送器输出电流超量程	检验所施压力是否在4mA和20mA设置点之间
		检查接线是否断开
		检查信号线是否短路或接触不良
6	变送器输出电流不稳定	检验变送器的工作电压和输出电流是否正常（10.5～42.4V DC、4～20mA）
		检查是否有外部电气干扰
		检验变送器是否正确接地
		检验双绞线的屏蔽是否在两端同时接地
7	支持HART协议的变送器不能用HART通讯装置通讯	检验变送器的工作电压和输出电流是否正常（10.5～42.4V DC、4～20mA）
		检查HART协议手持通讯器配置是否正确

三、压力开关

（一）概述

压力开关也称压力控制器，是一种通过感应压力控制机械装置动作的开关量型的仪表。压力开关的主要优点是结构简单、触电容量大。通常情况下压力开关所使用的弹性元件有：单圈弹簧管、膜片、膜盒及波纹管等；所使用开关元件有：磁性开关、水银开关、微动开关等。压力开关是与电气开关相结合的装置，当到达预先设定的流体压力时，开关接点动作。

长输原油管道的压力开关主要用在进站或泵入口汇管、出站或泵出口汇管压力检测，当三个压力开关任何一个（接点）动作时都会联锁停运全部输油泵（硬线停泵）。图1-3为压力开关外形图，图1-4为压力开关内部结构图。

 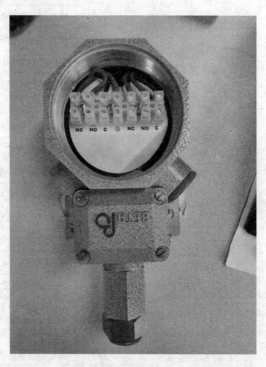

图1-3　压力开关外形图　　　　图1-4　压力开关内部结构图

（二）工作原理

当被测压力值达到工艺所要求的设定值时，压力开关弹性元件的自由端产生位移，在弹性元件自由端的作用下直接或经过比较后推动开关元件，将开关元件由通（断）状态改变为断（通）状态，实现了通过压力控制机械装置动作的目的。

压力开关的开关形式有常开式和常闭式两种。

压力开关的设定值可调，按实际使用压力要求设定，当压力开关到达预先设定的流体压力时，开关接点动作。

（三）技术指标

压力开关在参考的设定点可调范围内调设定值，调设定点值精确度应不低于±1%。死区应不低于设定值的5%。长输原油管道常用的压力开关精度等级是0.2级。表1-8为BETA压力开关技术指标。

表1-8 BETA压力开关技术指标

名称型号规格	精度等级	量程	防护等级	防爆等级
W3 - V404M - S2N - S2 - Z2 - X1		-0.04~0.04MPa	IP66	ExdⅡCT6
W3 - P502H - S2N - S2 - Z2 - X1		0.03~0.16MPa	IP66	ExdⅡCT6
W3 - P504H - S2N - S2 - Z2 - X1		0.04~0.35MPa	IP66	ExdⅡCT6
W3 - P506H - S2N - S2 - Z2 - X1	0.2	0.05~0.9MPa	IP66	ExdⅡCT6
W3 - P708H - S2N - S2 - Z2 - X1		0.3~7.6MPa	IP66	ExdⅡCT6
W3 - P808H - S2N - S2 - Z2 - X1		0.4~17MPa	IP66	ExdⅡCT6

（四）运行和维护

1. 运行要求

（1）压力开关的铭牌应完整清晰，应标注产品名称、型号、规格、准确度等级、设定值范围、出厂编号和制造厂商等信息。

（2）压力开关的表面应光洁平整，紧固件不得松动、损伤，可动部分应灵活可靠，接头螺纹应无明显毛刺和损伤。

（3）使用中的压力开关不应有影响计量性能的缺陷。

2. 日常维护

（1）每天要对压力开关及其电气接口、引压管线的保温伴热和管线渗漏情况进行巡回检查，出现问题应及时处理。

（2）每天检查压力开关的上位机状态与实际运行压力是否相符，发现问题应及时处理。

3. 周期维护

（1）压力开关应每年进行一次校准。

（2）对校准不合格的压力开关要进行修理，修理后仍不合格的，应进行更换。

（3）修理后的压力开关使用前应重新校准，合格后方能使用。

（4）每台压力开关应建立档案，内容包括控制参数、安装位置、投用日期、校准和维护检修记录。

（五）常见故障及处理

压力开关常见故障及处理方法见表1-9。

表1-9 压力开关常见故障及处理方法

序号	故障现象	故障原因及处理方法
1	设定值变化漂移	压力开关是一种机械弹簧开关，长时间使用会产生机械疲劳，相应的压力设定值也会随之变化，因此压力开关必须定期校验，调校压力设定值（现执行2次/年，即周检抽检各1次）
2	内部微动开关故障	如果压力开关密封压盖或电气连接螺纹不密封，使得微动开关长期处于潮湿环境中，就会造成微动开关触点生锈，灵敏性变差，甚者根本不动作。因此，每次对其进行维护时检查微动开关的灵活性是非常必要的

四、故障案例

案例 1：压力变送器参数异常

1. 故障现象

某站站控机泵出口压力参数显示异常，压力参数显示不定期跳变为零或为最大值。

2. 故障排查

（1）检查压力变送器现场表头显示是否正常。

（2）检查压力变送器是否故障。

（3）检查现场电缆及 PLC 通道回路是否正常。

3. 故障处理及原因分析

（1）查看压力变送器表头，显示屏亮起并有数值正常显示，说明压力变送器表头显示正常。

（2）切断压力变送器所在回路的 24V 供电，打开压力变送器后盖，在现场用标准信号发生器对通道回路进行测试，偏差在误差范围内，说明 PLC 回路通道正常。

（3）打开压力变送器前盖，拧松显示屏两侧螺丝，将显示模块和与其相连的模块一起拔出，发现压力变送器表体的金属插针变形。将两根金属插针向相反的方向轻微挤压恢复平行状态后，重新组装并恢复 24V 供电，参数显示正常。

（4）该故障原因是压力变送器长期在振动较大的环境运行，大幅度振动造成压力变送器金属针变形，与第 2 层模块虚接，导致内部板卡接触不良。

4. 注意事项

处理参与联锁保护的压力变送器故障前，必须办理调试工作票、现场作业票，摘除相应联锁保护，做好现场安全防护措施。

案例 2：压力开关渗油

1. 故障现象

某站人员在巡检时发现出站压力开关渗油，将油污擦干净后，压力开关本体仍有原油渗出，随即关闭压力开关的针型阀，将该压力开关退出运行，并上报上级有关部门。

2. 故障排查

压力开关解体后发现内部密封器件密封不严，造成渗油。

3. 故障处理及原因分析

更换 O 形圈，O 形圈选用耐硫化氢腐蚀的氟化橡胶材质，更换后运行良好。

该压力开关内部的 O 形圈为丁腈橡胶材质，输送高硫化氢原油造成丁腈橡胶 O 形圈腐蚀，导致压力开关漏油。

4. 注意事项

处理压力开关故障前，必须办理调试工作票、现场作业票，摘除相应联锁保护，做好现场安全防护措施。尤其是处理进站或泵入口汇管压力开关故障时，现场不能直接关闭压力开关的针型阀，应确保联锁保护摘除、安全措施到位后再进行处理。

第三节　温度仪表

温度测量在管道输油生产中是一个关键性的参数。本节主要介绍了温度检测仪表热电偶、热电阻的基本原理、技术指标、常见故障与处理、典型故障案例。

一、热电阻

（一）概述

热电阻是中低温区（-200~850℃）最常用的一种温度检测仪表。它的主要特点是测量精度高，性能稳定。

工业上常用的热电阻有：①铂热电阻Pt10：0℃时电阻值为10Ω，用较粗铂丝绕制，主要用于650℃以上温区；②铂热电阻Pt100：0℃时电阻值为100Ω，用较细铂丝绕制，用于650℃以下温区；③厚膜铂电阻：铂浆料印刷在玻璃或陶瓷底板上，再经光刻而成，用于-70~500℃；④铜热电阻：测温范围-40~140℃，线性好，价格低、体积大。

原油长输管道检测温度时使用的热电阻主要是Pt100铂热电阻。

（二）工作原理

热电阻测温是基于金属导体的电阻值随温度的增加（减少）而增加（减少）这一特性来进行温度测量的。因此利用金属导体作为温度敏感元件，便可依电阻值的变化作为测温的信息，达到测量中、低温的目的。金属导体的电阻与温度间的关系为

$$R_t = R_0 \left[1 + \alpha \left(t - t_0 \right) \right] \tag{1-7}$$

或 $$\Delta R = \alpha R_0 \Delta t \tag{1-8}$$

式中　R_t——温度为t℃时的电阻值，Ω；

R_0——温度为t_0℃时的电阻值（电阻的绝对值），Ω；

α——电阻温度系数，1/℃；

Δt——温度变化量，$\Delta t = t - t_0$，℃；

ΔR——电阻变化量，$\Delta R = R_t - R_0$，Ω。

（三）热电阻接线方式[5]

输油生产用热电阻安装在生产现场，而其记录显示仪表安装在控制室，生产现场和控制室之间有一定距离，使得连接在生产现场的热电阻和控制室的记录显示仪表之间的引线较长，如果仅用两根导线接在热电阻两端，导线本身的阻值势必和热电阻的阻值串联在一起，造成测量误差。为了克服这种误差常采用三线制。

三线制的接法是将热电阻的一端与一根导线相接，另一端同时与两根导线相接，将三根导线同时引入控制室。

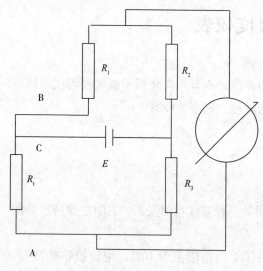

图 1-5　热电阻三线制接法

三线制的优越性可用图 1-5 说明。图中热电阻 R_t 的三根连接导线 A 线、B 线、C 线，粗细相同，长度相等，阻值都是 r。

当电桥平衡时，可写出下列关系

$$(R_t + r) R_2 = (R_3 + r) R_1 \qquad (1-9)$$

由此可得出

$$R_t = \frac{R_3 R_1}{R_2} + \frac{R_1 r}{R_2} - r \qquad (1-10)$$

设计电桥时 $R_1 = R_2$，则上式等号右边含有 r 的两项抵消，R_t 的值不受 r 的影响。所以在这种情况下，导线电阻对热电组的测量毫无影响。

（四）技术指标

热电阻温度计的测量元件应选用分度号为 Pt100 的铂热电阻。

防爆等级不应低于 ExdⅡBT4，防护等级不应低于 IP65。

热电阻主要应用于中低温测量。热电阻的技术指标见表 1-10。

表 1-10　热电阻技术指标

名称型号规格	精度等级	测量范围/℃	防护等级	防爆等级
铂电阻 Sensycon SensyTEMP	A 级	-100～450	IP65	ExdⅡBT4
防爆铂电阻　WZP-24SA				
防爆铂电阻　WZP-44SA				
铂热电阻（PRT）	B 级	-196～+600	IP65	ExdⅡBT4

注：A 级允差为 ±（0.15℃ +0.002|t|）；B 级允差为 ±（0.30℃ +0.005|t|）。

（五）运行和维护

1. 运行要求

（1）热电阻上的铭牌应清晰，应有制造厂家、型号等标识，并贴有有效期内的校准标签。

（2）露天使用时，应定期检查，保证接线部分密封良好，注意防尘、防水。

（3）热电阻各部分装配正确、可靠、无缺件，外表涂层应牢固，保护管应完好。

（4）在振动较强的地方，应当使用铠装热电阻。

（5）接线紧固，接线端子及电缆接头无氧化。

（6）拆下热电阻前为确保不会影响正常生产，应向调度申请并得到同意后方可进行工作。

2. 日常维护

（1）对比上位机热电阻示数与双金属温度计的读数是否一致。

（2）对同一管线临近位置、无温场变化的热电阻进行参数对比。

（3）热电阻保护套管内的导热介质应定期检查，保证导热充分，停用时宜对套管进行检查。

（4）对不能正常使用的热电阻，应查明故障原因，确认为热电阻本体故障的，应及时进行修理或更换。

3. 周期维护

（1）热电阻每年应进行一次校准，对校准不合格的热电阻应进行更换。

（2）每支热电阻应建立档案，内容包括检测参数、安装位置、投用日期、校准和检维修记录。

（六）常见故障及技术处理

首先判断该温度点是否参与运行设备的联锁保护功能。如果参与，宜在设备停运时进行故障排查。如果不参与，可以先对问题简单排查。热电阻常见故障及处理方法见表1-11。

表1-11　热电阻常见故障及处理方法

序号	故障现象	故障原因及故障处理
1	远传示数与实际情况存在较大误差	电缆虚接、氧化、进水，打开表盖检查是否存在进水或线路松动
		仪表本体故障，用万用表测量阻值或温度并比对
		电缆断裂或接头松脱，用信号发生器从现场仪表端电缆—PLC
2	显示量程上限或下限	机柜内端子排电缆—浪涌保护器前—浪涌保护器后—PLC模块接线逐段输出标准信号，判断故障点
		程序组态错误，如果仪表、线路均正常，检查上下位程序是否存在错误

二、热电偶

（一）概述

热电偶是工业上最常用的温度检测元件之一，是以热电效应为基础的测温仪表，适合测量中高温。工业上常用的热电偶有：①铑10-铂（分度号S）；②镍铬-镍硅（分度号K）；③镍铬-铜镍（康铜）（分度号E）。加热炉的炉膛温度常采用镍铬-镍硅热电偶（K型热电偶）（量程0~1000℃，尾长1m）。图1-6为热电偶外形图。

（二）工作原理

热电偶温度计是将两根不同导体材料的一端焊接在一起，另一端连接到控制室或温度变送器而形成的。焊接的一端（图1-7 T端）称为热电偶的热端（或工作端），插入到需要测温的生产设备中；另一端称为冷端，置于生产设备外面；如果热端和冷端两处的温度不同，则在热电偶的回路中便会产生热电动势（简称热电势）E，热电势 E 与热电偶热端的温度 T 和冷端的温度 T_0 均有关。如果保持冷端的温度 T_0 不变，则热电势便只与热端的温度 T 有关。用毫伏计测得 E 的数值后，便可根据热电偶分度表得知被测温度的大小。图1-7 为热电偶原理图。

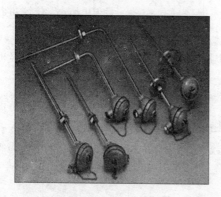

图1-6　热电偶外形图

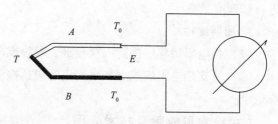

图1-7　热电偶原理图

（三）技术指标

热电偶技术指标见表1-12。

表1-12　热电偶技术指标

名称型号规格	精度等级	量程/℃	防护等级	防爆等级
防爆热电偶 WRN-440	A 级	-200～500	IP65	Exd Ⅱ BT4
镍铬-镍硅（铝）K	Ⅰ	-40～1100	IP65	Exd Ⅱ BT4
	Ⅱ	-40～1300	IP65	Exd Ⅱ BT4

注：在管道输油生产中，热电偶主要用来测量炉膛温度。

（四）运行和维护

1. 运行要求

（1）热电偶电极应平直、无裂痕、直径均匀，不应有严重的腐蚀和明显缩径等缺陷。

（2）热电偶测量端的焊接要牢固、呈球状，表面应光滑、无气孔、无夹渣。

2. 日常维护

（1）热电偶在露天使用时，应定期检查，保证接线部分密封良好，注意防尘、防水。

（2）现场安装的热电偶位置较高，在进行拆除和安装作业时应遵循高处作业的安全要求。

3. 周期维护

（1）热电偶应每年进行一次校验，校验不合格的热电偶应进行更换。

（2）热电偶应建立档案，内容包括检测参数、安装位置、投用日期、校准和检维修记录。

（五）常见故障及处理方法

热电偶常见故障及处理方法见表1-13。

表1-13 热电偶故障及处理方法

序号	故障现象	故障原因及处理方法
1	无参数反馈	首先使用万用表检查有无毫伏电压输出，使用温度变送器的应检查24V供电是否正常、温度变送器有无损坏
2	参数反馈偏差较大	应从热电偶、温度变送器、线路、浪涌保护器和模块通道逐一排查

三、温度变送器

（一）概述

温度变送器是一种将温度变量转换为可传送的标准化输出信号的仪表，主要用于工业过程温度参数的测量和控制。温度变送器在自动检测和控制系统中，常与各种热电偶或热电阻配合使用，连续地将被测温度或温差信号转换成统一的标准信号输出，作为显示单元或控制单元的输入信号。

目前，在输油站厂，温度变送器主要应用于部分给油泵本体温度、部分阀室地温等检测。

（二）工作原理

温度变送器采用热电偶或热电阻作为测温元件，热电偶或热电阻又被称为感温元件，感温元件把被测温度 t_1 转换成相应大小的电势 E_1（感温元件是热电偶）或电阻 R_1（感温元件是热电阻）送入温度变送器。经过稳压滤波、运算放大、非线性校正、V/I 转换、恒流及反向保护等电路处理后，转换成与温度呈线性关系的 $4\sim20\text{mA}$ 电流信号输出。

（三）运行与维护

1. 运行要求

（1）温度变送器的铭牌应清晰，并贴有有效期内的校验标签。

（2）温度变送器与检测部件（热电阻或热电偶）要连接牢固，不应有虚接。

（3）温度变送器现场液晶屏温度显示应清晰，并与站控操作站的温度显示一致。

2. 日常维护

（1）温度变送器使用时，应定期检查，保证接线部分接线牢固、密封良好，注意防虚接及防尘、防水。

（2）检查液晶屏显示与站控显示值是否一致，如果数值偏差超过允许误差应立刻进行原因排查与故障处理。

（3）温度变送器出现故障后，应停电进行检查。

3. 周期维护

（1）温度变送器应按周期定期进行校准，对校准不合格的温度变送器应进行更换。

（2）温度变送器应建立档案，内容包括检测参数、安装位置、投用日期、校准和检维修记录。

四、故障案例

案例 1：某站输油泵温度参数显示异常

1. 故障现象

某站站控机参数显示某泵的泵体温度比实际温度高。

2. 故障排查

（1）检查仪表本体是否故障。

（2）检查现场电缆及 PLC 通道回路是否正常。

3. 故障处理及原因分析

（1）在现场，维修人员摘除热电阻上的接线，用万用表测试接泵体热电阻温度传感器的接线柱，量取温度值有偏差，由此判断热电阻损坏。

（2）在现场泵旁接线箱内，维修人员摘除热电阻现场电缆线，用信号发生器直接接接线箱端子给出信号，站控机示值与给出信号差在误差范围内，确认现场电缆及 PLC 通道回路正常。

（3）更换新的热电阻、恢复接线后，温度显示正常。

4. 注意事项

处理参与联锁保护的温度仪表故障前，必须办理调试工作票、现场作业票，摘除相应联锁保护，做好现场安全防护措施。

案例 2：某站输油泵电机定子温度异常联锁跳泵事件

1. 故障现象

某站上位机显示 7# 输油泵电机定子温度频繁跳动，温度超高触发联锁停泵。

2. 故障排查

（1）检查现场电机定子温度热电阻仪表本体是否正常。

（2）检查现场接线箱接线情况，并拆除相应仪表接线，测试通道及联锁报警是否正常。

3. 故障处理及原因分析

（1）测试电机的各热电阻温度传感器，阻值均正常，由此排除仪表本体故障的可能。

（2）现场打开电机本体仪表接线盒后发现：接线盒内存在大量铁锈及灰尘；接线端子老化、锈蚀严重、接触不良、塑料结构部分出现碎裂现象。

（3）将接线盒内壁清洁，重刷防锈漆，更换带有弹簧结构的新型接线端子，温度恢复正常。用密封胶泥封堵电气接口，接线盒内加装干燥剂。

（4）进行模拟启泵测试，该泵所有温度通道、报警联锁保护动作值全部正常，故障排除。

（5）故障原因：输油泵电机仪表接线箱内接线端子接触不良，导致温度信号异常，引发联锁停泵。

4. 注意事项

（1）处理参与联锁保护的温度仪表故障前，必须办理调试工作票、现场作业票，摘除相应联锁保护，做好现场安全防护措施。

（2）定期对 PLC 机柜内端子和现场接线箱进行检查紧固。

第四节　流量仪表

一、超声波流量计

（一）概述

超声波流量计是以"速度差法"为原理，测量圆管内液体流量的仪表。主要用于测量原油进、出站流量、泄压管线中原油泄放量、混输流量配比控制等，安装在进出站管线和配比给油泵出口管线。超声波流量计按照探头安装方式的不同，分为短管式和外夹式，见图 1-8 和图 1-9。

目前长输原油管道常用的超声波流量计主要为科隆公司 UFM3030 系列三声道超声波流量计，该流量计不受被测介质的电导率、流态、黏度、温度、密度和压力的影响。输出信号为标准 4～20mA DC，通讯方式为 profibus PA（HART），模拟量信号用于瞬时流量显示和调节信号，通讯信号用于累计流量采集。

图 1-8　短管式超声波流量计

图 1-9　外夹式超声波流量计

（二）工作原理

超声波流量计检测原理可分为传播速度差法（直接时差法、时差法、相位差法和频差法）、波束偏移法、多普勒法、互相关法、空间滤法及噪声法等。

时差法测量顺逆传播时传播速度不同引起的时差计算被测流体速度。它采用两个声波发送器（SA 和 SB）和两个声波接收器超声流量计（RA 和 RB）。同一声源的两组声波在 SA 与 RA 之间和 SB 与 RB 之间分别传送。它们沿着管道安装的位置与管道成 θ 角（图 1-10）。超声波在流体中传播时，向下游传送的声波速度被流体加速，而向上游传送的声波被延迟，因此，两个声波传播的时间有一个时间差，这个时差大小与流体的流速成正比。由变送器转换单元将此时差信号转换成对应流量值的标准模拟量信号或总线信号进行输出。图1-10为超声波流量计测量原理图。

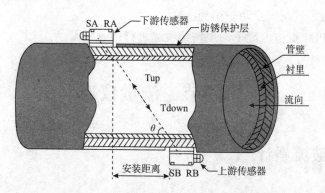

图1-10 超声波流量计测量原理

超声波流量计具有小流量切除功能，用于泄压管线流量测量的超声波流量计要使用小流量切除功能，以切除干扰信号造成的流量漂移。

（三）技术指标

精度：短管式±0.3%，外夹式±0.5%

防爆等级：Exd Ⅱ BT4

防护等级：IP65

（四）运行和维护

1. 运行要求

（1）仪表的就地和远传指示值应一致。

（2）仪表的液晶显示器（LCD）应显示清晰，无乱码和叠字现象。

（3）通讯系统应正常，站控机和显示表上的数据应能正常刷新和显示准确。

2. 日常维护

（1）间歇停用的仪表设备应进行正常的巡检和维护。

（2）显示单元的安装朝向应便于读数。

（3）仪表设备的铭牌参数应清晰、完好。

3. 周期维护

（1）定期检查外夹式超声波流量计换能器是否松动，与管道之间的黏合剂是否良好。

（2）定期与末站交接计量流量计读数进行对比，如示值误差超过误差允许范围，则对仪表进行重新校准，以消除偏差。

（五）常见故障及处理方法

超声波流量计常见故障及处理方法见表1-14。

表1-14 超声波流量计常见故障及处理方法

序号	故障现象	处理措施
1	流量示值漂移	1）检查接线（传感器接线，信号输出接线，是否有错接或者松动）； 2）检查仪表的参数设置，GK值、口径等参数设置应与铭牌一致； 3）查看仪表报错，如出现报错信息箭头，进行针对性的优化设置； 4）检查传感器有无污堵，及时清洗
2	流量值误差大	1）检查仪表的参数设置，GK值、口径等参数设置应与铭牌一致； 2）仪表左上角如有报错指示，会影响到测量的准确性，应进行针对性的优化设置
3	无计量数据输出	1）检查流量计表头有无显示，仪表供电是否正常； 2）检查输出信号，用万用表电流挡检测4~20mA信号输出是否正常； 3）检查控制系统相应卡件通道，更换为备用通道临时测试，排除卡件故障。如卡件无故障，更换流量计通信模块； 4）如果是有流量输出，但无累积量，检查仪表设置，打开累积量显示功能

二、椭圆齿轮流量计

（一）概述

椭圆齿轮流量计属于容积式流量计，是直接按照固定的容积来计量流体的，在流量仪表中是精度较高的一类。它利用机械测量元件把流体连续不断地分割成单个已知的体积部分，根据计量室逐次、重复地充满和排放该体积部分流体的次数来测量流量体积总量，用于精密的连续或间断的测量管道中液体的累积流量或瞬时流量。

输油泵站中椭圆齿轮流量计主要应用于加热炉燃料油系统的计量。椭圆齿轮流量计外形见图1-11。

图1-11 椭圆齿轮流量计外形图

（二）工作原理

椭圆齿轮流量计工作原理见图1-12。椭圆齿轮流量计是由计量腔和装在计量腔内的一对椭圆齿轮，与上下盖板构成一个密封的初月形空腔（由于齿轮的转动，所以不是绝对密封的）作为一次排量的计算单位。当流体自左向右通过时，在输入压力的作用下，产生力矩，驱动齿轮转动。图1-12（a）位置时，A轮左下侧压力大，右下侧压力小，产生的力矩使A轮作顺时针转动，它把A轮与壳体间半月形容积内的液体排至出口，并带动B轮转动；在图1-12（b）位置上，A和B两轮都有转动力矩，继续转动，并逐渐将一定的液体封入B轮与壳体间的半月形空间；到达图1-12（c）位置时，作用于A轮上的力矩为零，但 B 轮左上侧压力大于右上侧，产生力矩使 B 轮成为主动轮带动 A 轮继续旋转，把半月形容积内的液体排至出口。这样连续转动时，椭圆齿轮每转动一周，向出口排出四个半月形容积的液体。测量椭圆齿轮的转速便知道液体的体积流量，累计齿轮转动的圈数，便可知道一定时间内液体流过的总量[6]。

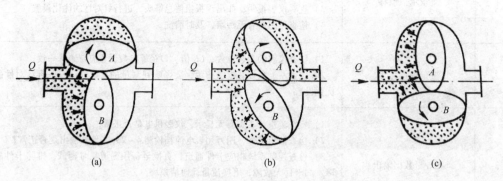

(a)   (b)   (c)

图 1-12 椭圆齿轮流量计工作原理

椭圆齿轮流量计流量信号的显示，有就地显示和远传显示两种。

就地显示将齿轮的转动通过一系列的减速及调整转速比机构之后，直接与仪表面板上的指示针相连，并经过机械式计数器进行总量的显示。

远传显示主要是通过减速后的齿轮带动永久磁铁旋转，使得弹簧继电器的触点以与永久磁铁相同的旋转频率同步地闭合或断开，从而发出一个个电脉冲远传给控制室。

（三）技术指标

精度：±0.5%

量程范围：根据仪表口径确定

防爆等级：Exd Ⅱ BT4

防护等级：IP65

（四）运行和维护

1. 运行要求

（1）检查温度、压力、流量是否在规定范围内。

（2）检查指针转动是否正常，压力损失是否正常，流量显示是否正常。

2. 日常维护

（1）定期清洗过滤器。

（2）严禁扫线蒸汽进入流量计，避免损坏流量计。

3. 周期维护

（1）定期对流量计进行检修，及时发现磨损零件，排除故障隐患。

（2）流量计应按检定周期要求进行送检。

（五）常见故障及处理方法

椭圆齿轮流量计常见故障及处理方法见表 1-15。

表 1-15 椭圆齿轮流量计常见故障及处理方法

序号	故障现象	处理措施
1	椭圆齿轮不转	拆卸仪表与管道，维修过滤器
2	轴向密封联轴器泄漏	1）拧紧压盖或更换填料； 2）加填密封油
3	指针不动或指针转动不稳定	1）紧固指针； 2）检查转动部件，消除不灵活现象
4	小流量误差变大	更换轴承或修理计量箱
5	误差变化过大	1）减少流体脉动； 2）流量计前加消气器
6	误差过大但误差变化不大	重新校验调整

三、电磁流量计

（一）概述

电磁流量计是由流量传感器和信号转换器两大部分组成，其原理基于法拉第电磁感应定律，适用于测量电导率大于 $5\mu S/cm$ 导电液体的流量，是一种测量导电介质体积流量的感应式仪表。主要用于测量污水流量。电磁流量计外形见图 1-13。

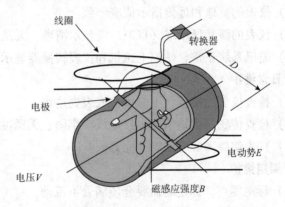

图 1-13 电磁流量计外形图　　　　图 1-14 电磁流量计工作原理

（二）工作原理

电磁流量计工作原理见图 1-14。根据法拉第电磁感应定律：导电液体在磁场中做切割磁力线运动时，导体中产生感应电势，其感应电势 E 与磁感应强度 B、导体运行速度（液体流速）v 和管道截面直径 D 用下式表示：

$$E = KBvD \tag{1-11}$$

式中　K——仪表常数，无量纲；

　　　B——磁通密度，T；

　　　v——测量管道截面内的平均流速，m/s；

　　　D——测量管道截面内径，m。

测量流量时，导电性液体以速度 v 流过垂直于流动方向的磁场，导电性液体的流动在

测量电极上感应出一个与平均流速成正比的电压，由此可以得出通过管道的体积流量为

$$Q = 0.785DE/KB \qquad (1-12)$$

式中　Q——体积流量，m^3/s；

　　　E——感应电压，V。

由上式可知，当测量管结构、磁场感应强度一定时，体积流量与感应电势成正比。将感应电压信号通过与液体直接接触的电极检出，并通过专用电缆送至信号转换器，信号转换器把被检测到的电信号进行放大处理，转换成标准 4～20mA、频率或 HART 协议输出，供显示仪表或数据采集系统显示。

长输原油管道电磁流量计主要用于含油污水流量的测量。

（三）技术指标

精度：±0.5%

量程范围：根据仪表口径确定

防爆等级：Exd Ⅱ BT4

防护等级：IP65

（四）运行和维护

1. 运行要求

（1）仪表的就地和远传指示值应一致。

（2）仪表的液晶显示屏（LCD）应显示清晰，无乱码和叠字现象。

（3）通讯系统正常，站控上位机和仪表转换器显示数据应能正常刷新，并显示准确。

2. 日常维护

（1）检查仪表的接线，不应虚接或表壳进水。

（2）检查传感器接地情况，接地线应牢固、无锈蚀。

（3）仪表铭牌参数应清晰、完好。

3. 周期维护

（1）标定零点，标定时需要介质满管不流动。

（2）定期测量电极对地阻值，两个电极对地阻值应该一致。

（3）检查励磁线圈绝缘电阻，正常值应在 100Ω 左右。

（五）常见故障及处理方法

电磁流量计常见故障及处理方法见表 1-16。

表 1-16　电磁流量计常见故障及处理方法

序号	故障现象	处理措施
1	示值在负方向上超量程	1）检查传感器是否有效接地，如果是分体型仪表，检查专用电缆的连接是否存在错误或虚接； 2）确认介质是否满管； 3）检查电极对地阻值，两个电极对地阻值应该是一致的； 4）检查励磁线圈的阻值，正常值应在 100Ω 左右

续表

序号	故障现象	处理措施
2	信号越来越小或突然下降	1）检查传感器与转换器的接线； 2）检查电极对地阻值，是否出现开路（>2MΩ）或短路的现象； 3）这种情况可能是两相流造成的，如介质含有气体，可以尝试关小流量计后阀门增加背压；如果是固含引起的，可进行做滤波设置
3	零点不稳定	1）请确保仪表的有效接地； 2）标定零点，标定时需要介质满管不流动； 3）零点处的小流量波动，可以使用小流量切除功能将其屏蔽
4	流量指示值与实际值不符	1）检查仪表的参数设置，GK 值、口径等设置是否与实际一致； 2）考虑是否因为两相流造成的测量误差，如介质含气可增大背压，固含可以做针对性的滤波； 3）检查仪表是否接地； 4）检查仪表附近是否有电磁干扰
5	示值在某一区间波动	1）检查仪表的接线，排除虚接或表壳进水； 2）检查仪表是否接地； 3）考虑是否由于闪蒸或介质本身的原因，短时间出现两相流造成仪表波动； 4）检查仪表附近是否有强电磁干扰

四、孔板流量计

（一）概述

孔板流量计又称为差压式流量计，由检测件和变送单元组成，广泛应用于气体、蒸汽和液体的流量测量。具有结构简单，安装维修方便，性能稳定，使用可靠等特点。孔板流量计外形见图1-15。

（二）工作原理

充满管道的流体流经管道内的节流装置，在节流件附近造成局部收缩，流速增加，在其上、下游两侧产生静压力差。在已知有关参数的条件下，根据流动连续性原理和伯努利方程可以推导出差压与流量之间的关系而求得流量。

（三）技术指标

精度：±0.5%

量程范围：根据仪表口径确定

防爆等级：ExdⅡBT4

防护等级：IP65

图1-15 孔板流量计外形图

（四）运行和维护

1. 运行要求

（1）新安装或停用一段时间后重新启用的孔板流量计，投用前应检查引压管路有无堵塞或泄漏，当测量介质为液体时，应在引压管路内充满清洁的水或其他导压液体，通过排气阀，排出管路内混进的气体；测量介质为气体时，应注意排放管路内积液。

（2）投运前打开"三阀组"中的平衡阀，关严正负取压管路上的阀门，检查、校正差压变送器的零点，核查调整差压变送器。

（3）在介质流动状态下即使全开"平衡阀"，只要不关严正负取压管路上的取压阀门，也不能核查零点。因为平衡阀本身有阻力，不能完全平衡正负压力腔的压力，即达不到"零差压"状态。

2. 日常维护

（1）定期排污，在被测介质是高温高压腐蚀或有毒流体时，清除时要注意安全。

（2）差压变送器的零点发生漂移时，应及时校对零点。

3. 周期维护

（1）定期检查节流元件，确认是否有附着物或变形。

（2）每年对差压变送器的零点和量程进行校准，以消除系统误差。

（五）常见故障及处理方法

孔板流量计常见故障及处理方法见表1-17。

表1-17 孔板流量计故障及处理方法

序号	故障现象	故障原因	处理措施
1	被测介质流速为零时，流量计示值瞬时流量值不为零	安装或运行过程中，严重过载造成零点飘移；	限制流量范围，调整零点
2	流量计工作过程中示值出现非正常增大	1）节流元件上有附着物； 2）节流元件变形	1）清洗更换节流元件； 2）更换节流元件
3	计量误差大	1）安装时流量计与连接管道相对同心度出现较大错位，密封垫片未同心； 2）节流元件上有附着物	1）调整安装状态； 2）清洗更换节流元件
4	流量计无示值或无发信号	1）电源接触不良或脱落； 2）流量计电路或显示屏故障	1）检查信号电缆连接是否完好，导线是否导通，仪表电源是否正常； 2）返厂修理

五、涡轮流量计

（一）概述

涡轮流量计是一种速度式仪表，具有精度高、重复性好、结构简单、耐高压、测量范围宽、体积小、重量轻、压力损失小、寿命长、操作简单、维修方便等优点。主要应用于燃气计量。涡轮流量计外形见图1-16。

（二）工作原理

涡轮流量计的结构如图1-17所示，由涡轮、轴承、前置放大器、显示仪表组成。

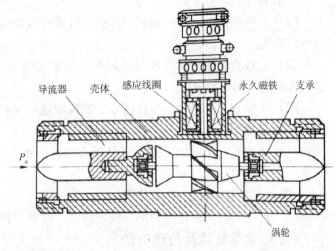

图1-16　涡轮流量计外形图　　　　图1-17　涡轮流量计结构图

在管道中心安放一个涡轮，两端由轴承支承。当流体通过管道时，冲击涡轮叶片，对涡轮产生驱动力矩，使涡轮克服摩擦力矩和流体阻力矩而产生旋转。在一定的流量范围内，对一定的流体介质黏度，涡轮的旋转角速度与流体流速成正比。由此，流体流速可通过涡轮的旋转角速度得到，从而可以通过计算得到管道的流体流量。

涡轮的转速通过装在机壳外的传感线圈来检测。当涡轮叶片切割由壳体内永久磁钢产生的磁力线时，就会引起传感线圈中的磁通变化。传感线圈将检测到的磁通周期变化信号送入前置放大器，对信号进行放大、整形，产生与流速成正比的脉冲信号，送入单位换算与流量积算电路得到并显示累积流量值；同时亦将脉冲信号送入频率电流转换电路，将脉冲信号转换成模拟电流量，进而指示瞬时流量值。

涡轮流量计具有精度高、重复性好、无零点漂移、高量程比等优点。涡轮流量计压力损失小，叶片能防腐，可以测量黏稠和腐蚀性的介质。

（三）技术指标

精度：0.5%，1.0%

量程范围：根据仪表口径确定

防爆等级：ExdⅡBT4

防护等级：IP65

（四）运行和维护

1. 运行要求

（1）表头要有一定数量的润滑油，一般为硅油或砷油。

（2）在涡轮流量计规定范围内使用，不得超量程。

（3）启用前应首先开启旁通阀，然后打开涡轮流量计入口阀和出口阀。打开出口阀同时要观察涡轮流量计指针的移动速度，正常工作后，再关闭旁通阀。如出现异常，应立即打开旁通阀，同时关闭出入口阀，进行检查处理。

2. 日常维护

（1）勿使流体倒流，现场显示器的指针或计数器的字轮反转说明倒流，应详细检查以免事故发生。

（2）应检查磁性密封联轴器或机械密封联轴器传动和磁性情况，查磁场强度是否足够，不够应及时更新磁钢。

（3）应检查过滤器是否存在堵塞，发现问题及时清洗。

3. 周期维护

（1）应按时定期巡检，听运转是否有杂音；看表头机械计数器有无卡阻，记录是否连续。

（2）每半年应清洗一次过滤器。

（3）每年对表头齿轮传动部分进行清洗、检查、润滑，对表头进行调校。

（五）常见故障及处理方法

涡轮流量计常见故障及处理方法见表 1-18。

表 1-18　涡轮流量计常见故障及处理方法

序号	故障现象	处理措施
1	流体正常流动时无显示，总量计数器字数不增加	1）用欧姆表排查故障点； 2）印刷板故障检查可采用替换"备用版"法，换下故障板再作细致检查； 3）做好检测线圈在传感器表体上位置标记，旋下检测头，用铁片在检测头下快速移动，若计数器字数不增加，则应检查线圈有无断线和焊点脱焊； 4）去除异物，并清洗或更换损坏零件，复原后气吹或手拨动叶轮，应无摩擦声，更换轴承等零件后应重新校验，求得新的仪表系数
2	未作减小流量操作，但流量显示却逐渐下降	1）清除过滤器； 2）从阀门手轮是否调节有效判断，确认后再修理或更换； 3）卸下传感器清除，必要时重新校验
3	流体不流动，流量显示不为零，或显示值不稳	1）检查屏蔽层，显示仪端子是否良好接地； 2）加固管线，或在传感器前后加装支架防止振动； 3）检修或更换阀； 4）采取"短路法"或逐项逐个检查，判断干扰源，查出故障点

六、流量开关

（一）概述

流量开关是用于检测管道内流体流动一种仪表，主要形式有叶片式和热传导式。储运系统常用叶片式流量开关，安装于泄压阀后，用于检测泄压管线内油品的流动。叶片式流量开关外形见图1-18。

（二）工作原理

叶片式流量开关是利用液体流动量带动叶片来测量管道内液体是否流动，当液体在管道内没有流动时，弹簧将磁铁往下压叶片成垂直，此时磁簧开关不动作；当管道内有液体流动且流量足以将叶片冲高20°～30°时，叶片上方的偏心传动片将磁铁往上推，磁铁吸力使磁簧开关动作，输出接点信号。

图1-18　叶片式流量开关外形

（三）技术指标

设定动作点精度：±25%

重复性：±5%

输出信号：SPDT

触点容量：24V DC，2A

防爆等级：ExdIIBT4

防护等级：IP65

（四）运行和维护

（1）流量开关维护可与泄压阀校准同步进行，泄压阀泄压动作时，在站控操作站上检查流量开关是否动作并有相应的事件记录。

（2）若泄压阀泄压时流量开关不动作，则需要拆下流量开关，人工拨动流量开关的测量叶片至20°～30°时，检查流量开关是否输出接点信号，站控操作站是否有相应的事件记录。

（五）常见故障及处理方法

流量开关常见故障及处理方法见表1-19。

表1-19　流量开关常见故障及处理方法

序号	故障现象	处理措施
1	无报警输出	更换叶片或流量开关
		测试PLC通道是否正常

第五节　液位仪表

一、雷达液位计

（一）概述

雷达液位计是一种采用雷达技术探测液位的精密液位计，是一种无位移和无传动部件的非接触式机电一体化的物位测量仪表。目前长输原油管道常用雷达液位计有霍尼韦尔ENRAF 97X、ENRAF 990 雷达液位计和罗斯蒙特 REX3950 雷达液位计，见图 1-19 ～图1-24。

图 1-19　ENRAF990 雷达液位计

图 1-20　ENRAF973 雷达液位计

图 1-21　ENRAF990 罐旁显示器

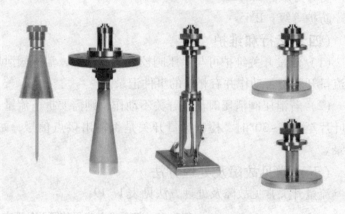

图 1-22　雷达天线

图 1-23　Rro 系列雷达液位计

图 1-24　REX 系列雷达液位计

（二）工作原理

雷达液位计采用发射—反射—接收的工作模式。雷达液位计的天线发射出电磁波，这些电子波以光速沿着探棒或钢缆传播，这些波遇到被测量介质的表面，部分脉冲波被反射形成回波，返回脉冲发射装置，发射装置与被测界面距离同脉冲波传播时间成正比，通过以下关系式可计算出液位高度：

$$D = ct/2 \tag{1-13}$$

式中　D——探头至液面的距离，m；

　　　c——光速，m/s；

　　　t——电磁波从发射到接收的时间间隔，s。

因空罐的罐高 E 已知，则液位 L 为：

$$L = E - D \tag{1-14}$$

雷达液位计主要有以下三种形式：

1. 脉冲波式

天线周期的发射相同频率的电磁波，通过测量发射与接收反射信号的时间差来测量探头至液面的距离，根据已知的容器高度参数，得出液位高度。

2. 调频连续波式

利用相位差原理，雷达天线发射不同频率的电磁波信号，液位位置的不同，其返回的信号频率也不同，根据频率的相位差，得出液位高度。罗斯蒙特 PRO 和 REX 系列雷达液位计主要采用调频连续波式。

3. 复合脉冲波式

通过发射频率高达 10GHz 高频电磁波来检测液位，电磁波通过雷达天线发射，被产品的表面反射回液位计，由于真空中电磁波的传播速度是光速，因此液位的准确测量不能依靠测量传播的时间差，而是反射波和发射波之间的相位差。电磁波在空中的传播距离通过检测反射波和发射波的相位差而获得。

ENRAF 智能雷达液位计测量原理采用的就是复合脉冲雷达波技术。雷达液位计通过安装在罐顶的天线单元来产生电磁波。电磁波通过罐分离器的引导，进入雷达天线。雷达天线对电磁波进行整形，然后发射到罐中。从液面反射回来的电磁波被同一个雷达天线接收到。天线单元内部的电子线路会同时测量发射和接收到的信号。在经过处理之后，数字信号被传送到控制单元。控制单元把测量到的距离转换成实高或者是空高，并且上传到现场总线等通讯网络中去。

长输原油管道储油罐的液位、温度检测通常采用雷达液位计总线通讯方式实现，通过总线通讯将不同储油罐的雷达液位计连接至其配套的通讯接口单元，通过通讯接口单元与库存管理工作站或 SCADA 系统通讯，实现储油罐的自动计量和库存管理功能，如图 1-25 所示。

（三）技术指标

雷达液位计主要技术指标见表 1-20。

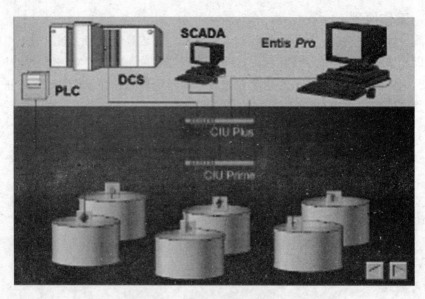

图 1-25　某油库 ENRAF 雷达液位计系统架构图

表 1-20　常用雷达液位计技术指标

技术参数	ENRAF97X	ENRAF990	罗斯蒙特 REX 系列	罗斯蒙特 PRO 系列
测量精度/mm	±3	±0.4	±0.5	±3
测量范围/m	0~40	0~75	0~30	0~30
供电电压/V	24~240	24~240	24~240	24~240
防爆等级	Exd IIB T4	Exd IIB T6	Exd IIB T6	Exd IIB T6
防护等级	IP67	IP66/IP67	IP67	IP67
环境温度/℃	-40~65	-40~65	-40~70	-40~65

（四）运行和维护

1. 运行要求

（1）雷达液位计的铭牌应完整、清晰，至少应注明产品名称、型号、规格、测量范围、准确度、制造厂名、出厂编号等内容，并贴有效期内的校验标签。

（2）雷达液位计的零部件应完整无损，不应有锈蚀，活动部件应灵活可靠，紧固件不应有松动，数值显示清晰无误。

（3）雷达液位计应接线紧固，接线端子及电缆接头无氧化。

（4）雷达液位计示数与上位机显示一致。

（5）雷达液位计供电电源、电源输出值应在其规定的范围内。

2. 日常维护

（1）定期对雷达液位计液位显示值、操作站显示液位值与人工检测值进行比对、记录，发现问题及时进行误差调校。

（2）定期检查仪表屏幕上有无错误或报警提示，结合屏幕上的错误或报警提示及时组织故障检测和排除。

3. 周期维护

（1）每半年进行 1 次雷达液位计仪表防爆电缆接头检查。

（2）在储油罐大修时，要对雷达液位计的导波管进行清理，清掉导波管内壁油垢。

（3）每年进行一次液位校准，对校准不合格的雷达液位计应进行修理，修理后仍不合格的，应进行更换。修理后的雷达液位计使用前应重新校准，合格后方能使用。

（五）常见故障及处理方法

雷达液位计常见故障及处理方法见表 1-21，其他故障参照故障代码的提示信息，结合雷达液位计操作使用说明书的方式进行处理。

表 1-21　雷达液位计常见故障及处理方法

序号	故障现象	处理措施
1	液位计现场无任何指示	对供电线路进行维修，对液位计板卡进行维修或者更换
2	现场液位计无温度显示	1）维修单点或多点温度计； 2）更新或者维修液位计板卡
3	现场液位计停滞在某一个液位不动	清理导波管内的凝聚物
4	控制室液位计数据异常，现场液位计数据显示正常	1）维修或者更换液位计板卡，维修信号回路； 2）重启 CIU 或者排除 CIU 前、后的通讯故障

二、差压液位计

（一）概述

差压液位计是通过测量正负取压口的压差来测量液位的仪表，主要用于消防水罐及污油罐的液位测量。目前长输原油管道常用差压液位计为罗斯蒙特 3051L 差压液位计。罗斯蒙特 3051L 差压液位计外形见图 1-26。

（二）工作原理

图 1-27 为密闭容器差压式液位测量示意图。设被测液体的密度为 ρ，容器顶部为气相介质，气相压力为 p_q，根据静力学原理有 $p_2 = p_q$，$p_1 = p_q + \rho g h$（g 为重力加速度），此时输入差压变送器正、负压室的压差为 $\Delta p = p_1 - p_2 = \rho g h$，可见，当被测介质的密度一定时，其压差与液位高度成正比，测得压差即可测得液位，因此差压液位计一般应用于测量密度基本恒定的介质。当 $h = 0$ 时，$\Delta p = 0$，变送器的输出为 4mA DC 信号，但在实际应用中会出现以下两种情况：

（1）差压变送器的取压口低于容器底部，如图 1-28 所示。

（2）被测介质具有腐蚀性，差压变送器的正、负压室与取压口之间需要分别安装隔离罐，对于这两种情况，差压变送器的零点均需要迁移，如图 1-29 所示。

上述两种迁移，其目的都是使变送器的输入初始值与测量值的初始值相对应，此处不再赘述。

图1-26　罗斯蒙特3051L差压液位计

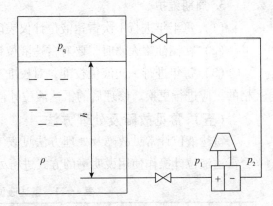

图1-27　密闭容器差压式液位测量示意图

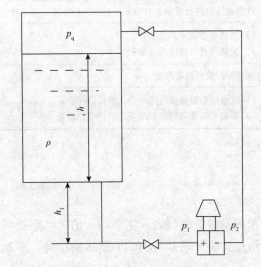

图1-28　取压口低于容器底部情况

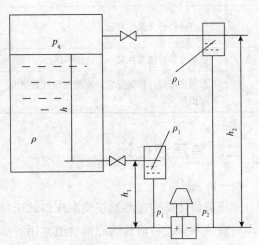

图1-29　取压口装有隔离罐情况

（三）技术指标

液位测量精度：0.075%

校验量程：0.62～2069.945kPa（6.35～211.08mmH$_2$O）

（四）运行和维护

1. 运行要求

（1）差压液位计的铭牌应完整、清晰，至少应注明产品名称、型号、规格、测量范围、准确度、制造厂名、出厂编号等内容。

（2）差压液位计的零部件应完整无损，不应有锈蚀，活动部件应灵活可靠，紧固件不应有松动，数值显示清晰无误。

（3）差压液位计应接线紧固，接线端子及电缆接头无氧化。

（4）差压液位计示数与上位机显示一致。

（5）差压液位计供电电源、电源输出值应在其规定的范围内。

2. 日常维护

（1）定期对差压液位计液位显示值、操作站显示液位值与人工检测值进行比对、记录，发现问题及时进行误差调校。

（2）定期检查仪表屏幕上有无错误或报警提示，结合屏幕上的错误或报警提示及时组织故障检测和排除

3. 周期维护

（1）每半年进行 1 次差压液位计仪表防爆电缆接头检查。

（2）每年进行一次校准，对校准不合格的差压液位计应进行修理，修理后仍不合格的，应进行更换。修理后的差压液位计使用前应重新校准，合格后方能使用。

（五）常见故障及处理方法

差压液位计常见故障及处理方法见表 1－22，其他故障参照故障代码的提示信息，结合差压液位计操作使用说明书进行处理。

表 1－22　差压液位计常见故障及处理方法

序号	故障现象	处理措施
1	无指示	1）重新接线或处理电源故障； 2）更换安全栅； 3）更换电路板或变送器
2	指示为最大（最小）	1）更换仪表； 2）打开引压阀； 3）清理杂物或更换引压阀
3	指示为偏大（偏小）	1）紧固放空堵头，打开引压阀； 2）重新校对仪表
4	指示值无变化	1）更换电路板； 2）更换仪表

三、磁浮子液位计

（一）概述

磁浮子液位变送器是采用磁耦合原理，将磁开关信号转化成电阻线性变化，经转换器将之转化为 4～20mA DC 标准电流信号，实现液位的远传测量与控制。目前磁浮子液位计主要用于污油罐的液位检测。磁浮子液位计外形见图 1－30。

（二）工作原理

带有磁体的浮球在被测介质中的位置受浮力作用，当管外磁浮子随液位上下变化时，磁浮子液位变送器检测管内磁体和磁簧开关作用，使精密电阻的电阻值发生变化，转换电路模块再将变化的阻值转换成电流输出。

（三）技术指标

测量范围：300～8000mm

图 1-30 磁浮子液位计

电源电压：24V DC（15～35V）24V

输出信号：4～20mA 二线制

工作压力：1.6MPa、2.5MPa、4.0MPa、6.3MPa、10MPa

工作温度：-35～120℃

精确度：±1.5%FS

防爆等级：Exd Ⅱ BT4～T6

防护等级：IP65

（四）运行和维护

1. 运行要求

（1）磁浮子液位计的铭牌应完整、清晰，至少应注明产品名称、型号、规格、测量范围、准确度、制造厂名、出厂编号等内容。

（2）磁浮子液位计探杆不应有粘附物，以免对浮子造成卡阻及减弱浮力。

（3）磁浮子液位计的零部件应完整无损，不应有锈蚀，活动部件应灵活可靠，紧固件不应有松动，数值显示清晰无误。

（4）磁浮子液位计应接线紧固，接线端子及电缆接头无氧化。

（5）磁浮子液位计示数与上位机显示一致。

（6）磁浮子液位计供电电源、电源输出值应在其规定的范围内。

2. 日常维护

（1）定期对磁浮子液位计液位显示值、操作站显示液位值与人工检测值进行比对、记录，发现问题及时进行误差调校。

（2）定期检查仪表屏幕上有无错误或报警提示，结合屏幕上的错误或报警提示及时组织故障检测和排除。

3. 周期维护

（1）每半年进行1次磁浮子液位计仪表防爆电缆接头检查。

（2）每年进行一次校准，对校准不合格的磁浮子液位计应进行修理，修理后仍不合格的，应进行更换。修理后的磁浮子液位计使用前应重新校准，合格后方能使用。

（五）常见故障及处理

磁性浮子液位计常见故障及处理见表1-23。

表1-23　磁性浮子液位计常见故障及处理

序号	故障现象	处理措施
1	磁性浮子液位计投用一段时间后发现浮子在某一位置不动	探杆上有粘附物，影响浮子上下移动
2	现场调校中会发现浮子上下移动不够灵活	检查上下法兰是否与水平面垂直，中心是否在一条线上
3	浮子难以浮起且浮子移动不灵活	先排空介质，再取出浮子，消除磁性浮子上沾有的铁屑或其他污物
4	输出信号产生频繁扰动或有干扰脉冲	检查仪表电缆屏蔽层是否可靠接地，接地电阻能否满足要求，或使用信号隔离器来解决

四、超声波液位开关

（一）概述

外贴式超声波液位开关是一种利用超声波检测原理的液位报警装置，主要安装在储油罐罐壁，用于监测储油罐内液面的高度，实现高、低位报警功能。也可将其输出信号接入SCA-DA系统中，实现自动控制功能。液位开关变送器、液位开关探头分别见图1-31、图1-32。

 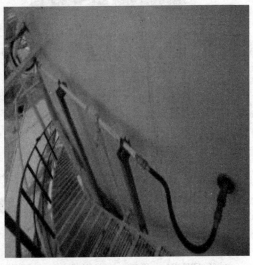

<table>
<tr><td align="center">图1-31　液位开关变送器</td><td align="center">图1-32　液位开关探头</td></tr>
</table>

（二）工作原理

1. ZWCK - ⅢB 型双探头超声波液位开关

探头贴在容器外壁需要限位的位置，一个探头发射超声波，另一个探头接收超声回波，空罐时接收到的信号大，有液位时，接收到的信号小，当信号小于标定值时就报警。被检测介质对超声波的震动有阻尼作用，因此，回波信号能反映限位处有无介质。

ZWCK - ⅢB 型智能外贴超声液位开关，变送器有两线制和四线制两种型式。两线制由 CYT - 1 探头、ZWCK - ⅢB - 0 变送器、ZWCK - LJ 连接器组成，由连接器输出报警信号，见图 1-33；四线制由 CYT - 1 探头、ZWCK - ⅢB - 1 变送器组成，由变送器直接输出报警信号，见图 1-34。

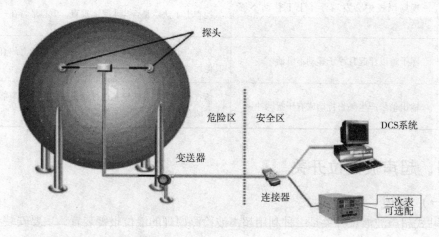

图 1-33　两线制典型应用

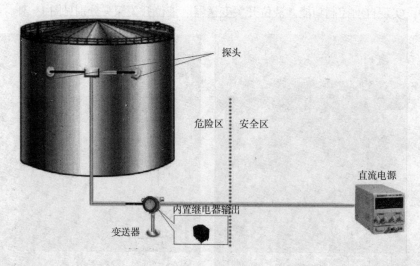

图 1-34　四线制典型应用

对于 ZWCK - ⅢB - 1 变送器（二线制），当液位越限时，回波信号由变送器的单片机处理单元处理，安装在现场的变送器会在此时产生一个警报信号叠加到供电 24V DC 上（控制室至现场敷设的两芯电缆，用于对液位开关供电和报警信号的传输）。安装在控制室的连接器的信号处理单元对报警信号进行解析,驱动继电器主触点产生开关量的跳变,进而发出常开(K1、K2)或常闭(B1、B2)触点的报警信号。

对于 ZWCK - ⅢB - 1 变送器(四线制),当液位越限时,回波信号由变送器的单片机处理单元处理,进而驱动内部的继电器产生开关量的跳变(开关量的跳变即是报警信号)。即:变送器对外输出常开(K1、K2)或常闭(B1、B2)触点的报警信号。通过四芯电缆反馈至控制室。四芯电缆中,有两芯用于对液位开关供电,另外两芯用作报警信号的传输。

2. CTA - AS10 单探头

CTA - AS10 外贴式智能超声液位开关,利用超声技术,使超声波传感器把接收到的电信号转换成声波信号的同时又能吸收声波信号将其转换为电信号传送回来;控制器产生高频信号使超声波传感器产生一定强度的超声波,传输到罐壁内。如果液位在罐壁,超声波将透射入液体,继电器输出相应的报警信号。反之,超声波就会沿罐壁内传输。

(三)技术指标

双探头和单探头超声波液位开关主要技术指标分别见表 1-24 和表 1-25。

表 1-24 ZWCK - ⅢB 型号双探头技术指标

项目			ZWCK - ⅢB	
			2 线制	4 线制
测量重复误差/mm			±2	±2
容器壁厚/mm			2 ~ 60	2 ~ 60
探头	型号		CYT - 1	
	罐壁温度/℃		−40 ~ 80(常温探头） −40 ~ 300(高温探头）	
	防爆等级		Exm Ⅱ T6	
变送器	型号		ZWCK - ⅢB - 0	ZWCK - ⅢB - 1
	供电		由连接器供电	12 ~ 36V DC
	功率		200mA@24V	150mA@24V
	环境温度/℃		−40 ~ 60	
	防爆等级		Exd Ⅱ CT6	
	报警方式		电流载波方式	继电器常开/常闭
	线制		两线制	四线制
	电气接口		G1/2 或 G3/4 或 M20×1.5(供用户用一个)	
	防护等级		IP65	
	触点容量		无	250V AC/6A 或 30V DC/6A
连接器	型号		ZWCK - LJ	
	环境温度/℃		−20 ~ 60	
	供电		24（1±10%）V DC 0.2A	无须连接器
	报警方式		继电器常开/常闭（250V AC/6A 或 30V DC/6A)	

表 1-25 CTA-AS10 单探头技术指标

测量重复误差/mm	±2
电源	24V DC
控制器周围环境温度/℃	-40 ~ +60
报警输出方式	继电器型无源接点报警输出接口（常开 AC250V 6A，DC30V 6A；常开常闭可选）
故障输出方式	仪表自诊断报警输出（常开 AC250V 6A，DC30V 6A
控制器防护等级	IP66
控制器隔爆等级	Exd Ⅱ B T6

（四）运行和维护

1. 运行要求

（1）检查液位开关的检测探头应与罐壁接触良好，检测探头无移位、掉落现象。

（2）检测探头的引出线保护管固定牢固，无移位、掉落现象。现场防爆软管及保护管连接紧密，无断开现象。

（3）罐边变送单元外壳应无影响其性能的锈蚀、裂缝，变送单元内部无结露、和进水现象。电源或运行指示灯状态正常。

（4）罐边变送单元、SCADA 界面无液位开关误报警。

2. 周期维护

每季度校准一次，并做好校准记录。校准前，应临时摘除该储罐的液位联锁保护。

（五）常见故障及处理

超声波液位开关常见故障及处理见表 1-26。

表 1-26 超声波液位开关常见故障及处理

序号	故障现象	处理措施
1	连接器故障	1）绿灯常亮，说明液位开关在正常运行； 2）绿灯闪亮且蜂鸣器长鸣音，说明变送器与连接器之间断线或发生故障； 3）绿灯闪亮且蜂鸣器短鸣音，说明电流过大，应查是否有进水或绝缘电阻降低等原因； 4）绿灯亮，红灯每秒闪一次，是连接器处于报警观测状态；红灯亮，绿灯每秒闪一次，是处于报警状态
2	变送器故障	1）变送器无显示，显示灯不亮。检查控制室该回路电源保险是否击穿； 2）变送器内部板卡损坏

五、音叉液位开关

（一）概述

音叉液位开关是通过音叉晶体激励产生振动，当音叉被介质浸没时振动频率发生变化，变化的频率由电子电路检测出来并输出一个开关量。由于音叉液位开关无活动部件，因此无须维护和调整。主要用于储罐的高低液位报警和联锁。音叉液位开关外形见图 1-35。

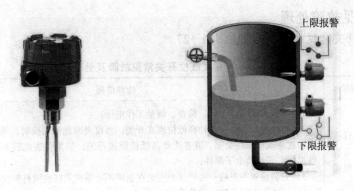

图 1-35 音叉液位开关

（二）工作原理

音叉液位开关的工作原理是通过压电晶体的谐振来引起其振动的，以其固有频率振动，当受到物料阻尼作用时，振幅急剧降低且频率和相位发生明显变化，这些变化会被内部电子电路检测到，经过处理后，转换成开关信号输出。主要对油罐的高低液位进行监测、控制和报警。

（三）技术指标

供电电压：24V DC 或 220V AC 50/60Hz

工作温度：-40~80℃（标准型）、-40~130℃（中温型）

工作压力：≤2.5MPa

介质密度：≥0.7g/cm³（液体）、>0.1g/cm³（固体）

输出方式：220V AC/20mA，24V DC/0.5A

外壳防护：IP65

防爆等级：Exd Ⅱ CT4

（四）运行和维护

1. 运行要求

（1）检查液位开关的检测探头应与罐壁接触良好，检测探头无移位、掉落现象。

（2）检测探头的引出线保护管固定牢固，无移位、掉落现象。现场防爆软管及保护管连接紧密，无断开现象。

（3）罐边变送单元外壳应无影响其性能的锈蚀、裂缝，变送单元内部无结露、和进水现象。电源或运行指示灯状态正常。

（4）罐边变送单元、SCADA 界面无液位开关误报警。

2. 日常维护

当被测介质污染和粘附叉体时，应定期清理，防止音叉工作不正常，清理时不能损坏叉体。

3. 周期维护

每季度对音叉高液位开关进行一次校准。校准前，应临时摘除该储罐的液位联锁保护。

（五）常见故障处理

音叉液位开关常见故障及处理见表1-27。

表1-27　音叉液位开关常见故障及处理

序号	故障现象	处理措施
1	在运行保护或溢流保护时出现错误报告	1）工作电压是否太低。检查、调整工作电压； 2）电子部件损坏。拨动高低位模式开关，当仪表因此而切换时，振动叉体可能会被附着物遮盖或机械性受损，或者拨动高低位模式开关，如果仪表此后不转换，说明电子部件损坏，需更换电子部件； 3）安装位置不正确。需将仪表安装在油罐不会形成死区或固料失控堆积的位置； 4）叉体上有附着物，需清除； 5）高低位模式选择错误。需重新设置正确的高低位模式（溢流保护，干运行保护）
2	指示灯红灯闪烁报警	叉体损坏。需检查叉体是否受损或被严重腐蚀

六、浮球液位开关

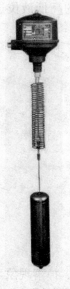

图1-36　浮球液位开关

（一）概述

浮球液位开关是一种利用浮子驱动开关内部磁铁，简捷杠杆使开关瞬间动作的液位开关。主要安装于储油罐、消防水罐、泵泄漏开关，用于进行液位控制、报警、故障联锁等。

（二）工作原理

在密闭的非导性磁管内安装一个或多个磁簧开关，将此管贯穿一个或多个内部装有环形磁铁的浮环，通过固定环，控制浮球与磁簧开关在相关位置，使浮球在一定范围内上下浮动。通过浮球内的磁铁去吸引磁簧开关的接点，从而产生断开或吸合的动作，并输出一个开关信号。浮球液位开关外形见图1-36。

（三）技术指标

浮球液位开关技术指标见表1-28。

表1-28　浮球液位开关技术指标

工作温度/℃	-40~150（标准型）
环境温度/℃	-40~70
介质密度/（g/cm³）	≥0.45
输出信号	SPDT继电器（单刀双掷）
开关寿命	5×10^4次
防爆等级	隔爆型 Exd Ⅱ BT4
防护等级	IP65

（四）运行和维护

1. 运行要求

（1）检测探头的引出线保护管固定牢固，无移位、掉落现象。现场防爆软管及保护管连接紧密，无断开现象。

（2）罐边变送单元外壳应无影响其性能的锈蚀、裂缝，变送单元内部无结露、和进水现象。电源或运行指示灯状态正常。

（3）罐边变送单元、SCADA 界面无液位开关误报警。

2. 日常维护

定期清除连杆及浮球上的污垢。

3. 周期维护

每季度校准一次，并做好校准记录。校准前，应临时摘除该储罐的液位联锁保护。

（五）常见故障及处理

浮球液位开关常见故障及处理见表 1-29。

表 1-29　浮球液位开关常见故障及处理

序号	常见故障	处理措施
1	浮球不动作	1）液体密度小于浮球密度，重新确认浮球密度； 2）浮球漏水，更换浮球； 3）异物卡住浮球，清除异物
2	浮球动作，但无信号输出	1）浮球位置偏移，调整浮球位置； 2）磁簧开关损坏，更换磁簧开关
3	信号输出不正常，信号保持，无法复原，浮球不能复归	1）附近可能有磁场干扰，消除磁场； 2）有异物卡住，清除异物
4	一点会有两个信号输出	环扣位置移动，调整环扣位置

七、故障案例

案例1：雷达液位计罐旁显示仪故障

1. 故障现象

某油库储油罐液位远传数据正常，罐旁显示仪显示乱码。

2. 故障原因分析

（1）判断罐旁显示器本体是否正常。

（2）判断罐旁显示仪内部功能卡件是否正常。

3. 故障处理

（1）使用信号发生器直供 17V 电压测试显示器，看到有启动信息显示，提示通讯超时，则可确定该显示器无故障。

（2）测量接线电压空载 17V，带负载后只有 1V，而正常情况应是：测量接线电压空载应 17V，带负载后 14V，判断电压偏低，则判断为罐旁显示仪内部功能卡件故障。对罐旁显示仪内部功能卡件进行更换后，恢复正常。

案例2：雷达液位计测量液位与实际液位存在误差

1. 故障现象

实际原油液位和雷达液位计测量值偏差较大。

2. 故障排查

（1）雷达液位计的导波管内有附着物。

（2）雷达液位计的雷达天线有附着物。

（3）雷达液位计的参数设定值需要调整。

3. 故障处理及原因分析

（1）在储罐无作业状态下，切断雷达液位计电源，拆下雷达发射头，将天线擦拭干净，清理雷达液位计导波管内的附着物，重新安装好雷达后送电，观察雷达液位计的显示是否正常。

（2）在储罐无作业状态下，对当前液位进行人工检尺，检查是否与液位计的显示一致。

（3）在运行过程中，对原油罐低、中、高不同罐进行人工检尺，比对检尺数据与液位计的显示是否一致，若超差需调整液位计的参数设置，直到液位恢复正常。

案例3：储油罐超声波液位开关故障

1. 故障现象

某站站控操作站液位开关报警闪烁，现场超声波液位开关变送器标定灯闪烁。

2. 故障排查

（1）判断液位开关所在的通道是否正常。

（2）判断现场液位开关是否正常。

3. 故障处理及原因分析

（1）用信号发生器给定信号，测试通道正常，无故障报警。

（2）对现场液位开关变送器进行标定，标定完后，表头报警灯依然闪烁。由此判断现场液位开关设备损坏是造成上位机液位开关报警闪烁的原因。对现场超声波液位开关设备进行整体更换后，恢复正常。

4. 注意事项

建议站方人员加强对站场关键部位仪表的巡检力度。

第六节　分析仪表

一、可燃气体探测器

（一）概述

可燃气体探测器是区域安全监视器中的一种预防性报警器。当工业环境中可燃体泄漏时，气体报警器检测到气体浓度达到爆炸下限或上限的临界点时（两级报警），可燃气体报警器就会发出报警信号，以提醒工作人员采取安全措施，防止发生爆炸、火灾、中毒事故，从而保障安全生产。可燃气体探测器外形见图1-37。

图1-37　可燃气体探测器

可燃气体报警器设定值符合下列规定

（1）可燃气体的一级报警设定值小于或等于25%爆炸下限；

（2）可燃气体的二级报警设定值小于或等于50%爆炸下限。

（二）工作原理

可燃气体报警是对单一或多种可燃气体浓度响应的探测器。可燃气体探测器有催化燃烧型、红外光学型两种类型。

催化燃烧型可燃气体探测器是利用难熔金属铂丝加热后的电阻变化来测定可燃气体浓度。当可燃气体进入探测器时，在铂丝表面引起氧化反应（无焰燃烧），其产生的热量使铂丝的温度升高，而铂丝的电阻率便发生变化。

红外光学型是利用红外传感器通过红外线光源的吸收原理来检测现场环境的碳氢类可燃气体。

长输原油管道使用的可燃气体报警器类型主要为催化燃烧式。使用的主要品牌有：DFDF-5500-LEL、EP200-1、ES2000T、格林通 IR2100、理研 GP-571A、深圳创安 CA-2100H 等多种品牌。

（三）技术指标

精度：0~50% LEL，±3%；51%~100% LEL，±5%

量程范围：0~100% LEL

响应时间：$T_{90} \leqslant 30s$

防爆等级：Class1；Division1；Groups B，C，D；Ex dIICT6

防护等级：IP65

带现场声光报警

使用寿命：≥5 年

（四）运行和维护

（1）定期对可燃性气体检测仪进行清洗、保养。

（2）应定期检测接地，接地达不到标准要求，或根本未接地，会使可燃性气体检测仪易受电磁干扰，造成故障。服役期超过使用规定要求的，应及时更换。

（3）检测公司在检定作业过程中，采取简单的保养和维修措施，同时各级抢维修队和基层站队技术人员应跟踪参与，对能修复的问题立即处理并当场复检，做到检定与维修结合。

（4）使用单位在检定周期内自主进行一次通气标定。

（5）在日常运行中，发现可燃气体报警器零点漂移应及时调零。

（五）常见故障及处理

可燃气体探测器常见故障及处理见表1-30。

表1-30　可燃气体探测器常见故障及处理

序号	故障现象	故障原因	处理方法
1	对检测气体无反应	标定不正确或传感器严重漂移，传感器模块坏，传感器寿命已到期，其他原因如电路故障	出现此故障一般应先重新标定一下，若标定后对气体仍无反应，应更换传感器
2	控制器屏幕上显示的浓度值与探测器屏幕上显示的浓度值相差较大	探测器4～20mA输出的标定不够精确或出现漂移	重新标定探测器，若仍然不行，更换传感器

二、硫化氢探测器

（一）概述

图1-38　硫化氢探测器外形图

硫化氢探测器是固定式连续检测空气中存在的有毒有害气体的安全检测仪表，主要用于输送含硫化氢的站库，安装于泵区、阀组区、计量区、罐区、化验间等区域，常见型号有华德 PICKETER 系列、格林通 TS4000C 系列，本书以华德 PICKETER 系列为例。硫化氢探测器外形见图1-38。

（二）工作原理

当探测器周围空气中的有毒有害气体扩散到电化学传感器的测量电极时，有毒有害气体在恒定电压下与电解液进行电离反应，产生一定数量的自由电子，其自由电子的数量与空气中的有毒有害气体的浓度成正比。这些自由电子的产生，形成了微小变化的电流信号。

电化学原理的传感器，可输出微小变化的电流信号，再经过硫化氢探测器的放大电路、A/D 转换电路，将模拟信号变换为数字信号，送入探测器的 CPU 单片机处理器，经过软件程序处理，对数字信号进行补偿和量程转换，最后显示单元的数值表示为空气中的有毒有害气体体积百万分比浓度值（ppm）；同时将测量数值传入 D/A 转换电路、V/I 变换电路，将传感器信号转化为 4～20mA 电流方式输出，见图1-39。

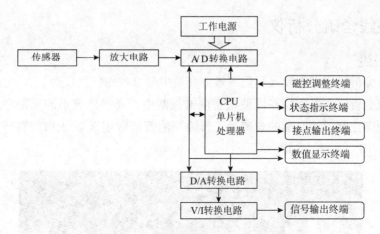

图 1-39　硫化氢报警器工作原理图

（三）技术指标

硫化氢气体探测器技术指标见表 1-31。

表 1-31　硫化氢气体探测器技术指标

名称型号规格	精度等级	量程/ppm	防护等级	防爆等级
PICKETER – H$_2$S	0.05	0 ~ 100	IP66	Exd II CT6 Gb

（四）运行和维护

（1）检查传感器进气通道，防止油污、泥土等堵塞使得硫化氢探测器灵敏度下降；

（2）检查硫化氢探测器防爆密封件或防爆管，防爆密封件有无损坏、松动，防爆管是否破裂；

（3）检查硫化氢探测器面板，是否有故障、误报警现象；

（4）每个季度对硫化氢探测器进行一次标定。

（五）常见故障及处理

硫化氢气体探测器常见故障及处理见表 1-32。

表 1-32　硫化氢气体探测器常见故障及处理

序号	故障现象	故障排除
1	硫化氢气体探测器通电正常，显示窗口无显示	更换探测器的电路板
2	硫化氢气体探测器通电正常，显示窗口有显示，但探测器无电流信号输出	1）检查探测器的信号线连接有无松脱情况，确保信号线接线完好； 2）检查探测器电路有无故障，可更换探测器的电路板
3	硫化氢气体探测器面板显示"OPE"	1）检查传感器连线有无松脱情况，确保信号线接线完好； 2）传感器故障，更换完好的传感器

三、在线含硫分析仪

(一) 概述

在线含硫分析仪用来连续远程监测被测介质中硫总量的仪器仪表。

在线含硫分析仪主要应用在原油精密混输控制中,通过检测不同原油中的总硫含量,通过配输比例来控制混输原油的含硫量,长输原油管道常用 X 荧光射线在线含硫分析仪,型号为 682T – HP,见图 1–40。

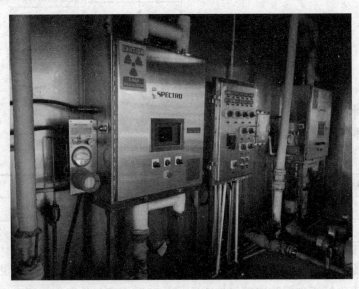

图 1–40　682T – HP 在线含硫分析仪

(二) 工作原理

管线的原油通过连接在管线上的采样旁路,经泵加压后进入 682T – HP 型在线 X 射线总硫分析仪测量单元,在 X 光的照射下测量 100 ~ 300s(时间可根据实际的需要调整),即可立即得出管路中原油的总硫含量。分析过程中,原油在管道泵的推动下在检测单元中持续快速流动。整个分析过程为连续过程。原油在线总硫分析仪不需要预处理系统及回收系统,分析过的样品,经过采样回路返回主原油管线。总含硫量的数据和密度分析数据分别通过 4 ~ 20mA 的输出信号送达控制室,也可提供 485 接口传输数据,见图 1–40 和图 1–41。

仪器采用正压防爆,具有原油渗漏检测系统,当发现原油泄漏时或其他安全保护功能启动时,检测单元两端的电磁截止阀将切断样品流。

(三) 技术指标

精度:总硫含量

0.04% ~ 0.1% 时,不高于 12%;

0.1% ~ 1.2% 时,不高于 5%;

1.2% ~ 2.3% 时,不高于 1%;

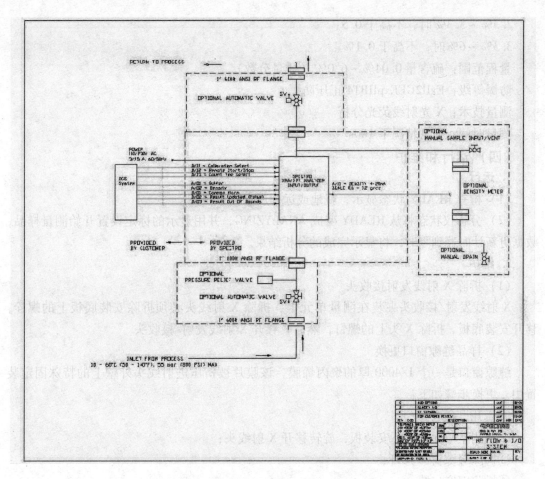

图 1-41　682T-HP 型分析仪表系统图

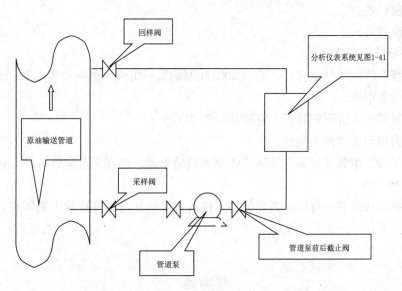

图 1-42　682T-HP 型含硫分析仪原理图

2. 3% ~3.3%时，不高于0.5；

3. 3% ~6%时，不高于0.1%。

量程范围：硫含量0.04% ~6.0%（质量分数）

防爆等级：ExII2GEExpIIBT4正压防爆

测量技术：X光射线荧光分析

测量时间：通常情况下100s

（四）运行和维护

1. 运行

（1）检查READY状态显示，就地或远程启动分析仪。

（2）分析仪状态将从READY变成ANALYZING，并用显示的标定设置开始测量样品，数据更新计时器到零时，将显示完成的分析结果。

2. 维护

（1）拆除X射线发射接收头

X射线发射/接收头夹装在测量单元上，拆除X射线头必须拆除安装底板上的螺栓，移开安装底板，拆除X头上的螺钉，然后，移开X射线发射/接收头

（2）样品缝隙窗口更换

缝隙窗口是一个1/4000厚的聚丙烯膜，该膜片被挤压进射线头外壁上的特殊固定装置中。更换步骤如下：

①断开设备电源；

②从测量单元上拆下安装板，旋转移开X射线头；

③拆除缝隙窗O形环；

④拆除旧窗口膜；

⑤更换窗口膜；

⑥更换窗口环。

（3）流量单元窗口更换

分析仪装有特殊的测量窗口，它由200mil厚的铍膜组成。更换步骤如下：

①断开设备电源；

②从测量单元上拆下安装板，旋转移开X射线头；

③更换窗口与法兰间的铜垫；

④管道试验，组装完成后，确认流体充满测量单元，检查无泄漏后再启动分析仪。

（4）更换原件

断电，拆除接线并给每根线做好标签，接着拆除损坏的零件更换上新零件，送电前恢复所有接线。

思考题

1. 何谓测量误差？测量误差的表示方法主要有哪几种？分别表示什么意义？

2. 按照管理环节来分，仪表检定分为哪几类？

3. 简述压力变送器和压力开关的维护周期及日常维护包含哪些内容。在站场应用中对应哪些联锁保护，在运行与维护中应注意哪些关键点？

4. 简述热电阻和热电偶的维护周期及日常维护包含哪些内容，涉及哪些联锁保护，在运行与维护中应注意哪些关键点。热电阻测温时远传示数与实际情况存在较大误差，请分析故障原因，并简述如何处理。

5. 硫化氢探测器一般用在什么位置？简述硫化氢探测器常见故障及处理方法。

6. 简述你所在单位现场所用仪表分类、精度等级、防护等级、防爆等级等主要参数及所对应的应用场所。

7. 超声波流量计出现流量检测示值上下浮动较大，分析可能是什么原因造成的？

8. 雷达液位计使用中的检测精度与误差容易受哪些因素影响？雷达液位计测量数据与人工检尺数据不一致，该如何处理？

9. 简述超声波液位开关标定周期与标定方法。某站上位机液位开关报警闪烁，现场超声波液位开关变送器标定闪烁，该如何处理？

10. 磁性浮子液位计浮子难以浮起且浮子移动不灵活该如何处理？

11. 简述可燃气体报警器种类及测量原理和简易调零方法。可燃气体报警器两级报警以什么为标准？两级报警值分别是多少？

12. 试述超声波流量计、椭圆齿轮流量计、电磁流量计的工作原理、精度范围及使用特点。

13. 简述在线含硫分析仪测量原理。

第二章　常用控制仪表

第一节　调节阀

一、概述

调节阀在输油生产中的作用，就是接收 SCADA 系统发出的控制信号，改变调节阀的开度，把被调参数（管线压力或流量）控制在所要求的范围内，从而达到输油运行调节过程的自动化。因此，调节阀是自控系统中一个极为重要的组成部分。

目前长输原油管道主要使用的调节阀，按照安装位置和功能不同，可以分为两类：一是出站调节阀，二是混输配比调节阀。

（1）出站调节阀：输油站场运行工艺不同，对出站调节阀的调节要求也有所区别。管线首站和分输站支线的出站调节阀用于输油泵入口汇管压力超低保护、出站压力超高保护、出站流量的调节；密闭运行管线中间站的出站调节阀仅用于输油泵入口汇管压力超低保护和出站压力超高保护。

（2）混输配比调节阀：对于有混输配比工艺需求的油库或管线首站，通常在给油泵出口支管或汇管处设置混输配比调节阀，用于所在管线内原油瞬时流量的调节。

二、基本结构

调节阀由执行机构、阀体、控制仪表及附件三大部分组成。按照执行机构使用的动力不同，调节阀可分为气动调节阀、电动调节阀、液动调节阀、电液联动调节阀、自力式调节阀等。其中气动调节阀以压缩空气为动力源，具有运行可靠、动作迅速、输出推力大、本质防爆等优点，在长输原油管道上应用较为广泛。

按照调节阀阀芯的结构型式不同，储运系统常用调节阀可分为球形调节阀、轴流式调节阀和套筒调节阀。其中轴流式调节阀在长输原油管道中普遍应用，而球形调节阀和套筒调节阀在成品油管道上应用较为普遍。

图 2-1 为某站 Mokveld 气动轴流式调节阀。图 2-2 为某站 Dresser 气动球形调节阀。

Mokveld 气动轴流式调节阀的阀体，主要由壳体、阀座、笼套、活塞杆及套筒、阀杆、密封件等部件组成，图 2-3 为其阀体内部结构示意图。

在 Mokveld 调节阀的阀体上、靠近气动执行器的位置，配有一个不锈钢材质的泄漏检测阀（见图 2-4）。此阀内部为针型阀结构，外部无手柄，可用内六角扳手关闭或打开。

泄漏检测阀在调节阀正常状态时，保持打开状态，并加以铅封。阀内密封件在磨损失效时，阀内的原油等介质会通过这个泄漏检测阀排至阀外，提示操作维护人员阀杆密封已经失效。如果现场不具备停输检修的条件，操作维护人员可以用一个内六角扳手将泄漏检测阀关闭，作为一个解决泄漏的临时措施。一旦具备检修的条件，应及时进行解体检修，更换阀内密封件，彻底解决泄漏问题。

图 2-1 Mokveld 气动轴流式调节阀现场安装图

图 2-2 Dresser 气动球形调节阀现场安装图

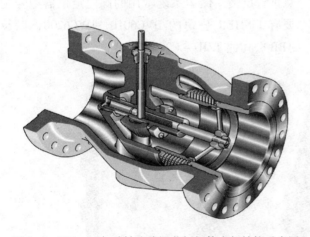

图 2-3 Mokveld 气动轴流式调节阀阀体内部结构示意图

图 2-4 阀体的泄漏检测阀

MOKVELD 气动轴流式调节阀的阀体结构有如下特点。

（1）轴流式：阀体紧凑，流通能力强。环形流道对称流，压力平衡，能有效减少紊流和噪声，防腐蚀。

（2）双向密封（见图 2-5）：梯形的软密封环在流体压力下被压紧。当阀门在全开或中间位置时，密封缩回阀体内部，防止流体夹杂着固体颗粒高速冲击密封；当阀门在全关位置时，密封面抱紧活塞的周面，保证阀门零泄漏。

（3）独特的 90°齿条传动（见图 2-6）：活塞上安装有活塞杆，活塞杆上有 45°角的啮齿，活塞杆由有相同啮齿的阀杆操作。当阀杆向上移动时，活塞向后移动，阀门开启。

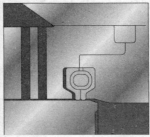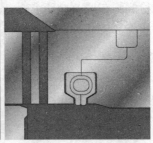

图 2-5 密封示意图

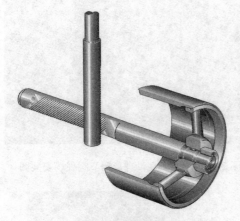

图 2-6 齿条传动示意图

（4）关闭快速：机械结构使得活塞在移动时基本上不受阀门前后压差的阻力，可以用相对小和快速的执行机构操作阀门。

调节阀的控制仪表及附件主要包括阀门定位器、保位电磁阀、信号开路保护模块等。其中阀门定位器是调节阀的主要附件，它负责接收 SCA-DA 系统输出的控制信号，转换为执行机构的气压，以驱动调节阀动作，并获取调节阀的开度信息进行反馈。储运系统常用的阀门定位器型号主要有 FISHER 公司的 DVC6010、DVC6200，以及 ABB 公司的 TZID-C200（见图 2-7）。

图 2-7 阀门定位器：DVC6010（左）、TZID-C200（右）

三、工作原理

目前长输原油管道应用最多的调节阀为 MOKVELD 气动轴流式调节阀。MOKVELD 调节阀的阀门机械部分包括带孔的笼套和中空的活塞，活塞可以左右移动，活塞在笼套中的位置，以及笼套上孔的不同形状和大小决定了多少流体可以通过调节阀。MOKVELD 调节阀典型的气路连接和控制如图2-8所示：

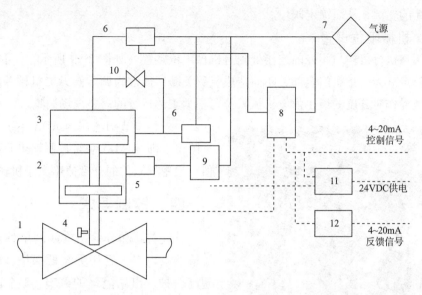

图2-8　MOKVELD调节阀典型气路连接和控制示意图

1—阀体；2—液压缸；3—气动执行机构；4—机械限位；5—液压单元；

6—气体放大器；7—减压过滤器；8—定位器；9—电磁阀；

10—平衡阀；11—信号开路保护模块；12—阀位反馈模块

（一）正常工作原理

调节阀阀体1由气动执行机构3驱动，动力源为空压机提供的工业仪表风（即经过滤、干燥后的压缩空气），控制信号源是来自于SCADA系统的4~20mA标准控制信号。

阀门定位器8将控制信号转换为气压信号，气压信号经气动放大器6放大后进入气动执行机构3的气缸，活塞在气压的推动作用下上下移动，从而带动阀内的活塞前后移动，实现阀门的开关控制作用。

同时，阀门定位器8可实时检测阀门的行程开度，通过阀位反馈模块12将阀门的开度信号传送给SCADA系统，实现调节阀开度数值的实时显示。

（二）"三断"保位原理

气动执行机构3的气动活塞和液压缸2的液压活塞为串联结构，通过气动液压锁、信号开路保护模块等调节阀的一系列附件，调节阀可以实现"三断"保位功能，即在断气源、断控制信号、断24V供电的情况下，调节阀阀位基本保持不变，以防影响输油运行。具体原理如下：

（1）液压单元5配有气动液压锁，由气压控制，断气源时可以锁定气动执行器活塞的移动。

（2）电磁阀9的供电由信号开路保护模块11控制。信号开路保护模块11一旦检测到4~20mA控制信号中断，会立即中断电磁阀9的供电，切断液压单元5的气源，从而锁定阀位。

（3）信号开路保护模块 11 的 24V 供电一旦中断，会导致电磁阀 9 的供电中断，切断液压单元 5 的气源，从而锁定阀位。

（三）机械限位设置

调节阀在执行机构与阀杆的连接处附有机械限位装置（如图 2-9 所示），可以对阀门行程加以限定。为防止阀门全部关闭而造成流程关断，通常为调节阀设置机械关限位，即调节阀就地操作时开度的最小值。机械限位可根据工艺运行的需要现场调整。

图 2-9　调节阀机械限位设置区

另外，调节阀还在 SCADA 系统上设置了软限位，即 SCADA 系统控制输出开度的最小值。通常软限位的开度值略大于机械限位。

四、控制要求

管线首站和分输站支线的出站调节阀用于输油泵入口汇管压力超低保护、出站压力超高保护、出站流量的调节，3 个调节回路三选一，高选后控制调节阀。密闭运行管线中间站的出站调节阀仅用于输油泵入口汇管压力超低保护和出站压力超高保护，2 个调节回路二选一，高选后控制调节阀。混输配比调节阀用于所在管线内原油瞬时流量的单回路调节。

调节阀要求采用电（气）关型。输油泵入口汇管压力调节回路要求采用反作用，低于启调值，关调节阀；反之开调节阀。出站压力调节回路要求采用正作用，高于启调值，关调节阀；反之开调节阀。流量调节回路要求采用正作用，高于启调值，关调节阀；反之开调节阀。

压力自动保护和流量自动控制均要求调节阀在远控自动状态。

调节阀的调节回路采用 PID 控制方式，调节阀投用前应进行 PID 参数整定，使调节阀达到合适的调节性能。

调节阀在站控、中控下手动/自动切换应无扰动，调节阀在手动、自动运行下站控/中控切换应无扰动。

五、运行与维护

（一）运行

1. 运行要求

（1）在正常运行时，调节阀应以远控自动方式运行。

（2）在自动调节异常时，调节阀应以远控手动方式运行。

（3）在 SCADA 控制系统或气源系统故障时，调节阀应以就地方式运行。

（4）在进行 PLC 程序下载调试时，应将调节阀切换至就地方式运行。

（5）运行方式的切换需上报上级调度批准，并办理操作票。

2. 运行操作

以气动轴流式调节阀为例，调节阀共有远控自动、远控手动和就地三种运行方式。

（1）远控自动

a）在 SCADA 操作画面上确认调节阀在远控自动状态。

b）根据联锁保护值的规定，检查核对压力设定值。

c）根据调度运行要求，输入瞬时流量设定值。

d）远控自动切换至远控手动前要确认调节阀的阀位设定值与当前实际开度一致。

（2）远控手动

a）在 SCADA 操作画面上确认调节阀在远控手动状态。

b）输入阀位设定值。

（3）就地操作

a）现场确认调节阀在就地状态。

b）将就地/远控切换手柄置于需要的方向，开阀置交叉位置，关阀置分开位置。

c）拆下操作手柄的延长杆，插入液压手泵的操作手柄中。

d）上下压动延长杆，调节阀门开度。

e）带阀位锁定装置的调节阀，如果需要锁定阀位，将两个阀位锁定旋钮松开退回。

（4）远控切换至就地的操作

a）关闭供气阀门。

b）有平衡阀的调节阀，打开平衡阀。

c）没有平衡阀的调节阀，松开定位器的两路气路接头。

d）将就地/远控切换手柄置于就地位置。

（5）就地切换至远控的操作

a）确认气源压力正常。

b）确认 SCADA 画面上将调节阀置于远控手动状态，阀位设定值与当前实际开度一致。

c）将就地/远控切换手柄置于远控位置。

d）有平衡阀的调节阀，关闭平衡阀。

e）没有平衡阀的调节阀，紧固定位器的两路气路接头。

f）打开供气阀门。

3. 巡检关键点

（1）检查阀门与管道连接处是否有泄漏。

（2）检查有无液体或润滑油从压力泄放阀中渗出。

（3）检查调节阀两端差压及阀门振动情况。

（4）检查气源压力是否在 0.6～0.8MPa 之间。

（5）定期排放储气罐中的积水。

（6）定期排放供气管线中的冷凝水。

（7）检查空压机系统润滑油油位。

（8）查看调节阀的趋势曲线，检查阀位调节是否稳定。

（9）检查压力、瞬时流量、阀位等参数值是否按工艺要求设定。

（二）维护

1. 维护要求

（1）校准周期为 1 年。

（2）调节阀首次使用或检修后，应先进行单体调校，再与站控系统进行联校。

（3）调节阀正常运行过程中的调校，直接与站控系统进行联校。

（4）如果联校过程中调节阀超差，则需对调节阀进行单体调校。

（5）调节阀调校完，先恢复调节阀的供气及仪表接线。运行稳定后，将调节阀切换至远控自动状态，再关闭调节阀的旁通阀。

2. 维护内容

调节阀维护的主要内容包括调节阀限位测试、行程时间测试、系统精度测试、控制回路测试、调节阀安全测试（包括失气故障、失电故障、失信号故障"三断保位"测试）、无扰动切换测试。具体方法详见《自动化仪表运行维护技术手册》（Q/SHGD1001—2015）。

（三）常见运行故障及处理

气动轴流式调节阀常见故障及处理见表 2-1，气动球形调节阀常见故障及处理方法见表 2-2。

表 2-1 气动轴流式调节阀常见故障及处理

故障现象	故障原因	处理方法
调节阀不能开启或关闭	执行机构安装不正确	检查执行机构的安装是否正确。
	执行机构的控制系统故障	1）检查执行机构的供气系统。 2）检查执行机构的供电系统。
	执行机构故障	检查执行机构。
	活塞被卡住或阀门内部损坏	1）将调节阀从管道上拆下，检查活塞是否被卡住。 2）检查阀门内部是否有损伤。
	手动液压杆下压无阻力，液压油缺失	用专用的工具（注油泵，软管，接头）进行液压油加注
在关闭位置调节阀有轻微泄漏	1）密封圈被轻微损坏； 2）水平阀杆、导向套筒出现损坏。	1）多次开启和关闭调节阀，检查是否仍然泄漏。 2）如果仍泄漏，更换密封圈组件。 3）若更换密封组件后仍出现渗漏，则需更换水平阀杆、导向套筒。

续表

故障现象	故障原因	处理方法
在关闭位置调节阀有严重泄漏	调节阀没有完全关闭	检查执行机构的功能，参看本表第1部分
	调节阀内部被碎片损伤	1）将调节阀从管道上拆下，检查活塞是否被卡住； 2）检查阀门内部是否有损伤
调节不稳定	气源压力太低	保持气源压力在正常范围
	执行机构气体放大器的旁路针阀关得过紧	调整该针阀的开度
	PID控制回路输出不稳定	调整 P、I 参数
减压过滤器漏气	排污口被大的杂质堵住	拆下减压过滤器进行清洗

表2-2 气动球形调节阀常见故障及处理

现象	可能发生的原因	处理方法
控制阀不能开启或关闭	执行机构控制故障	1）检测执行机构的动力系统； 2）检测执行机构的电源系统是否有故障
	执行机构故障	1）按照手册中说明检测执行机构； 2）如果没有发生故障，请参看本表中第3部分
	信号比较器故障	检查信号比较器
	保位电磁阀故障	检查保位电磁阀
控制阀不能完全开启和关闭	执行机构安装不正确	检查执行机构的安装是否正确，如果需要重新安装执行机构
	执行机构操作系统故障	1）检查执行机构的动力系统（如供气系统）； 2）检查执行机构的电源系统是否有故障
	执行机构故障	1）按照手册中的说明检查执行机构； 2）如果没有发生故障，请参看本表中第3部分
执行机构没有故障，控制阀不能关闭和开启	活塞被卡住或控制阀内部被损坏	1）将控制阀从管道上拆下来，检查活塞是否被卡住； 2）检查控制阀内部是否有损伤

（四）故障案例

案例1：某站 MOKVELD 气动轴流式调节阀在"三断保位"测试时异常

1. 故障现象

某站在 SCADA 系统维护过程中，对调节阀功能测试时，发现调节阀的液压锁没有正常弹出，"三断保位"功能异常。

2. 故障排查

"三断保位"功能异常故障原因多为液压锁功能异常。

3. 故障处理及原因分析

该站靠近海边，调节阀又处于露天工作状态，由于储气罐没有及时排水导致调节阀的关键部位锈蚀严重，液压锁的动作销因表面锈蚀与液压锁本体结合面摩擦力大而无法弹出。

对液压锁进行拆解，用除锈剂进行除锈打磨，后组装恢复，再次进行调节阀"三断保位"功能测试时，恢复正常。

4. 注意事项

处理调节阀故障问题前务必办理现场作业票，将旁通阀打开，做好现场安全防护措施。

建议站方人员加强对站场关键部位设备的巡检力度，停输时对调节阀进行远控手动阀位设定、"三断保护"测试和现场手动操作。

第二节 泄压阀

一、概述

泄压阀是重要的水击安全防护设备。当管线发生水击、管线压力超过泄压阀设定值时，泄压阀自动快速打开，部分油品泄入泄压罐中，减少水击对管道和设备可能造成的危害。当管线内压力低于泄压阀设定值时，泄压阀自动关闭。

通常在密闭输油管线的输油首站、中间泵站的出站端设置高压泄压阀，在中间泵站、末站的进站端设置低压泄压阀。

二、基本结构和工作原理

按照泄压阀的控制方式不同，目前储运系统常用的泄压阀可分为先导式和氮气式。先导式泄压阀通过指挥器与管道介质压力比对而打开泄压阀，配套的部件较少，温度适用范围广，但易受管道介质物性的影响；氮气式泄压阀通过氮气压力直接作用于阀芯的后面，水击波到来时可迅速开启，开启时间快，不受管道介质物性的影响。

图 2-10 先导式泄压阀现场安装图

（一）先导式泄压阀

储运系统常用先导式泄压阀主要为 FISHER 和 M&J 品牌，如图 2-10 所示。

先导式泄压阀主要由主阀和指挥器组成，驱动力为管道中的介质压力。指挥器通过引压管路与泄压阀前的主管线相连，当主管线内的原油压力超过指挥器自身的设定压力值后，指挥器控制主阀迅速开启。图 2-11 为先导式泄压阀的结构示意图。

（二）氮气式泄压阀

考虑到输送原油品种多样、部分原油黏度较大，近年来长输原油管道基本都选用氮气式泄压阀，主要为 M&J 品牌，如图 2-12 所示。

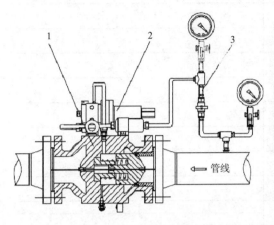

图 2-11　M&J 先导式泄压阀结构示意图
1—主阀；2—指挥器；3—引压管路

图 2-12　氮气式泄压阀现场安装图

氮气式泄压阀的设定压力由氮气控制系统提供。该系统给阀芯提供一个与管线压力相反的压力负荷，当管线压力不超过泄压阀的压力设定值时，阀芯被压紧在底座上，阀门处于关闭状态；当管线压力超过泄压阀的压力设定值时，阀芯脱离阀座，阀门开启。

1. 泄压阀的结构部件

泄压阀的结构见图 2-13。

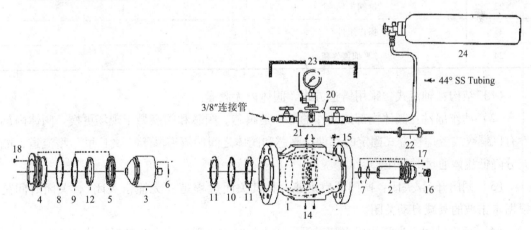

图 2-13　泄压阀的结构部件

序号	部件名称	数量
1	阀体	1
2	阀芯导套	1
3	阀芯	1

续表

序号	部件名称	数量
4	阀座固定器	1
5	阀座橡胶环	1
6	阀芯 O 形环	1
7	阀芯导套 O 形环	2
8	阀座固定器 O 形环	1
9	阀座 O 形环	1
10	阀芯 O 形环	1
11	后备环	2
12	阀座	1
14	排污丝堵	2
15	阀后导压孔丝堵	
16	阀腔丝堵（导套后部丝堵）	12
17	导套固定螺栓	6
18	阀座固定器螺栓	
20	汇管块	
21	O 形环	2
22	拆阀工具	1
23	操作组件	1
24	温差平抑氮气瓶	1

（1）结构：轴流式，采用铸造方式，阀体内无胶囊。

（2）动作部件：阀体内部能动作的部件是阀芯。阀芯和阀座易于现场更换。阀体内部没有以螺纹或者焊接方式固定的部件。阀芯和阀体之间的流道属于"文丘里"型流道，能充分降低流体通过时的压降。

（3）阀门开启/关闭：阀门开启迅速，且其关闭过程是"无撞击关闭"，关闭时间是根据水击波的衰减自动关闭。

（4）反应时间：当管线压力超过设定压力的时候，泄压阀全开的时间小于50ms。

（5）设定压力：设定压力精度小于2%，且设定压力在现场可调。

2. 氮气控制系统

氮气控制系统与泄压阀连接图见图2-14。

（1）氮气控制系统是密闭式的，即在发生水击阀门开启的时候，氮气不泄放到大气中。唯一的氮气消耗是白天当温度升高导致阀腔内氮气设定压力相应升高时，需要释放部

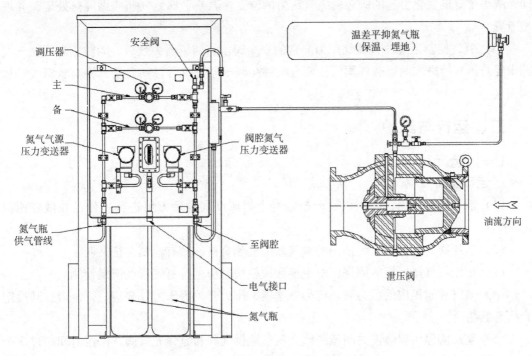

图 2-14　氮气控制系统与泄压阀连接图

分氮气到大气中以保持恒定的氮气设定压力。

（2）氮气控制系统是独立的撬装设计。每套氮气控制系统为泄压阀提供设定压力的氮气，氮气控制系统包括带压的氮气瓶和氮气控制盘。氮气控制系统里的调压器将高压的氮气调节到所需要的氮气设定压力，高压氮气来自预先充到一定压力的氮气瓶，每套氮气控制系统所带的氮气瓶的容量能保证使用至少两个月。氮气瓶和氮气控制盘均安装在撬座上，在现场通过不锈钢管与阀门进行连接。

（3）所有的氮气控制仪表均安装在一个可上锁的氮气控制盘内。用于控制一台氮气式泄压阀的氮气控制盘内装有 2 支调压器（1 用 1 备），用于控制两台氮气式泄压阀的氮气控制盘内装有 4 支调压器（针对每台阀门 1 用 1 备）。调压器用于将高压的氮气气源减压至所需要的氮气设定压力。

（4）氮气控制系统分别对氮气气源和阀腔内的氮气进行监测，提供两种低压报警和一种高压报警：

低压报警Ⅰ：监测氮气气源的压力。当氮气气源压力不足时，提供低压报警。

低压报警Ⅱ：监测阀腔氮气压力。当氮气控制系统与阀门连接管路发生泄漏，导致阀腔压力低于设定压力时，提供低压报警。

高压报警：监测阀腔氮气压力。当调压器失效导致高压气源的氮气未经过减压直接进入阀腔时，提供高压报警。

（5）温差平抑：环境温度的变化会引起泄压阀阀芯内氮气压力的变化，为平抑温度变化，设置温差平抑氮气瓶。温差平抑氮气瓶与阀芯内部连通，扩大了填充氮气的阀芯空间，减小了温度变化引起的阀芯内氮气压力的改变。温差平抑氮气瓶应做隔热处理，并埋地放置。

（6）氮气控制系统设有氮气压力异常的安全阀。当调压器失效后，为防止高压氮气气源未经减压直接进入阀腔破坏阀门，安全阀将在调压器失效后自动启动，将高压氮气排放到大气中。

三、运行与维护

（一）运行

1. 运行要求

（1）泄压阀的投用、停用以及调校需经上级调度同意后方可进行操作，并做好相应记录。

（2）泄压阀氮气控制系统使用的氮气瓶需检测合格，具有检测合格证明。

（3）记录氮气瓶更换的周期，对更换频次较快时应进行氮气管线泄漏检测。

（4）氮气控制柜内的压力表、压力变送器、压力开关等压力仪表应完好，应在其检定合格有效期内。

（5）泄压阀停用要缓慢关闭截断阀、氮气瓶供气阀和氮气充气阀，停用时间超过 3 个月的泄压阀，应在调校合格后投用，投用前要进行一系列的检查。

2. 巡检关键点

（1）泄压阀本体

a）检查泄压阀本体上的铭牌应完整、清晰。

b）检查泄压阀本体表面是否有锈蚀和油漆剥落的现象，根据实际情况，处理锈蚀和补漆。

c）对于氮气轴流式泄压阀，本体各连接部件、各密封点应无锈蚀，无泄漏；对于先导式泄压阀，引压线、指挥器、阀体及上下游泄放管路、阀门的保温伴热良好，引压管路无渗漏、压力表指示正常，发现问题及时处理。

d）检查泄压阀本体基础或支撑，应不沉降和损坏能够起到良好的支撑作用。

e）上游压力未超高时，泄压阀系统出现泄漏或吱吱声响，应及时对泄压阀系统进行检查和调校，必要时更换损坏的部件。

f）对于指挥器为 6305 型的 FISHER 泄压阀，每天巡检污油桶的油位，及时清理污油。

（2）氮气控制系统

a）氮气瓶出口压力表指示正常。

b）检查氮气瓶手轮或扳手等附件齐全。

c）检查氮气管线是否有泄漏。

d）温差平抑氮气瓶保温层应无损坏，放置应平稳，温差平抑氮气瓶截止阀后压力表指示值应为氮气设定压力。

e）氮气压力控制柜内管线无泄漏，氮气控制柜内的压力表完好，氮气调压阀后压力表示值正常。

f）SCADA 工作站上无泄压阀的相关报警。

（二）维护

1．维护要求

（1）氮气式泄压阀调校周期为 6 个月，先导式泄压阀调校周期为 3 个月。

（2）泄压阀调校或维修前，应关闭泄压阀前的工艺截断阀，释放泄压阀内部压力，防止压力高造成人身伤害及设备损坏。

（3）泄压阀调校前要确认工艺管网的进出站压力联锁保护系统正常投用，泄压管路系统应畅通，保温伴热良好。

2．维护内容

（1）氮气轴流式泄压阀维护内容包括记录泄压阀的型号、结构、出厂编号、安装地点、工艺规定泄放压力等基础信息，记录调校后的泄放压力和氮气设定压力，给出调校结论。

（2）先导式泄压阀维护内容记录泄压阀的型号、出厂编号、安装地点、工艺规定泄放压力等基础信息，记录调校后的泄放压力和关闭压力，给出调校结论。

（三）常见运行故障及处理

氮气轴流式泄压阀常见故障的判断及处理见表 2-3，先导式泄压阀常见故障及处理见表 2-4。

表 2-3　氮气轴流式泄压阀常见故障及处理

故障现象	故障原因	处理方法
氮气损失快	1）温度平抑氮气瓶保温隔热不好； 2）氮气管线泄漏。	1）将温度平抑氮气瓶埋地或包裹隔热材料进行保温； 2）查找泄漏点并进行补漏。
氮气瓶低压报警	控制柜后氮气瓶压力不足	更换氮气充足的氮气瓶
泄压阀阀腔氮气压力低压报警	调压阀后管线泄漏	用泡沫水检查并维修泄漏点
泄压阀阀腔氮气压力高压报警	调压阀失效	先切换至备用的调压阀，然后检修损坏的调压阀
泄压阀阀腔氮气不能维持设定压力	气体供应部分泄漏	检查并拧紧各个节点
当阀门在临界点附近时，有缓慢开启的趋势	1）阀芯 O 形环磨损或损坏； 2）系统内氮气泄漏	1）更换 O 型环； 2）检查并堵塞泄漏点
阀门不能关闭、泄放罐液位持续上升	1）有杂物在阀芯和阀座之间，阻止阀芯回位； 2）阀座上有焊接飞溅； 3）阀座上 O 形环损坏。	1）将阀门从管线上拆下，清理杂物； 2）如果阀座上有焊接飞溅，则需更换阀座； 3）O 形圈损坏，更换 O 形环。
压力设定点波动	温度对氮气压力的影响	将温度平抑氮气瓶埋地或隔热处理
阀门动作迟缓	气体腔室内积水	检查清洁阀芯腔室
阀门泄压点漂移	阀芯表面滑伤或阀芯偏斜	修理或更换阀芯

表2-4 先导式泄压阀常见故障及处理

故障现象	故障原因	处理方法
泄压后泄压阀阀塞不能回位或动作迟缓	1）过滤器堵塞，指挥器节流孔堵塞； 2）指挥器内的导向球变形； 3）阀腔内有凝油	1）检查过滤器及指挥器节流孔，若堵塞拆卸进行清洗避免杂质堆积； 2）更换指挥器导向球； 3）检查伴热系统，清洗阀腔
压力到设定值时泄压阀不泄压	1）泄压管路堵塞； 2）泄压管路凝油	1）泄压管路及各阀体部位伴热良好； 2）疏通泄压管路
压力没有到达泄放值、泄压阀系统出现泄漏。	1）泄压阀阀体密封件损坏； 2）泄压控制管路故障； 3）泄压阀阀腔有异物	1）解体检修更换损坏的密封件； 2）检查控制系统管路，必要时重新调校泄压阀的设定值； 3）解体泄压阀，进行清洗、清理

（四）故障案例

案例1：某站泄压阀压力打不上去

1. 故障现象

某站在进行泄压阀维护过程中，进行卸放设定压力调校时，用手摇泵缓慢打压，发现泄压阀前的压力远低于工艺设定压力，继续打压压力表的示值不再上升。反复打压，压力始终达不到工艺设定压力。

2. 故障排查

（1）泄压阀前段管线的截断阀关闭是否严密，有无泄漏。

（2）泄压阀内部有无密封件损坏。

3. 故障处理及原因分析

（1）检查泄压阀前段管线的截断阀，判断关闭严密，无泄漏。

（2）将泄压阀解体检查，发现阀体密封圈损坏。

（3）更换密封圈，安装好泄压阀后，重新进行泄放设定压力调校，正常。

（4）故障原因为泄压阀内部密封圈损坏。

4. 注意事项

建议按规定定期开展泄压阀的维护工作，加强对站场关键部位设备的巡检力度。

案例2：某站先导式泄压阀关闭不严

1. 故障现象

某站先导式进站低压泄压阀关闭不严，前后阀门开启时存在较大的过流声，泄压罐液位有明显上升。

2. 故障排查

根据经验判断故障原因存在三种情况：泄压阀内部活塞损伤、密封圈破损、阀腔底部存在较大的异物。

3. 故障处理及原因分析

（1）确认关闭泄压阀进出口阀门。

（2）现将泄压阀上方的指挥器及连接管路拆下，并将其用清洗剂清洗干净；引压管路上的过滤器清洗干净。

（3）松动泄压阀顶部法兰的螺丝，将泄压阀上部的阀盖取下；将弹簧、阀芯活塞依次取下。经检查活塞底部的密封盘（金属材质）发现微小缺口，初步认定这是导致泄压阀关闭不严的主要原因。

（4）将活塞返厂维修，安装恢复后泄压阀工作正常，内漏现象消失。

4. 注意事项

（1）泄压阀开盖维修时，要进行油品的硫化氢检测。

（2）注意各连接部件拆卸的顺序，便于恢复安装。

（3）活塞密封盘上密封圈较多，拆装时要注意顺序。如果密封圈损坏，可以采购原厂配件或可以委托机械厂定做。

（4）管道内油品含有硬度较大异物是造成此类故障的主要原因，消除油品内的异物可有效杜绝此类故障。

思考题

1. 首站的出站调节阀，通常设有哪几个保护或调节回路？每个回路的基本控制原理是什么？

2. 泄压阀有何作用？在密闭输油管线的首站、中间泵站和末站通常如何设置？

3. 站场所用的调节阀型号是哪种，"三断"保护功能是什么。调节阀运行维护的关键点有哪些。

4. 现场所用的泄压阀是哪种型号，运行特点是什么？泄压阀维护周期是多长，氮气泄压阀报警参数分别有哪些？温度补偿原理以及现场应用中存在哪些注意事项？

第三章　输油管道 SCADA 系统

第一节　SCADA 系统概述

一、SCADA 系统简介

SCADA 是 Supervisory Control And Data Acquisition 的英文首字母缩写，是指数据采集和监控，简单地说 SCADA 系统就是数据采集和监控系统，是一种基于 PLC（或 DCS）、RTU、计算机等硬件和软件及其之间通讯连接实现的数据采集和监控系统，在控制中心对多个距离较远、地理位置分散的工业现场进行实时参数的数据采集，并对现场设备进行远程集中操控的系统。

SCADA 系统适用于控制点多、地理位置分散、偏僻、距离相对较远，交通不便，需要集中监控的工业场所，最早应用于长距离供电的电力行业，现在广泛应用于供电、供水、长输管道、铁路等行业。

二、SCADA 系统应用

输油管线具有管线长、沿线站点地理位置分散，距离较远、相对偏僻等特点，主要采用 SCADA 系统进行数据采集和集中监控。使用 SCADA 系统的管线，基本上都可以实现调控中心集中监控，输油泵站无人值守功能，这不仅大大提高输油管线自动化水平，提高管线运行安全性，还大大降低运行成本，提高管线运营的经济效益。

国外发达国家的输油管道全部采用 SCADA 系统进行数据采集和监控，实行控制中心集中监控，输油泵站无人值守的运行操作模式。国内近 10 年新建的输油管道基本上都采用先进的 SCADA 系统进行数据采集和集中监控，实行控制中心集中监控，输油泵站现场监护、无人值守的运行操作模式。近年来国内老管道也在逐步升级改造，不断使用 SCADA 系统替代原来的盘装仪表和简单的数据采集系统，实现数据采集和集中监控，实行控制中心集中监视，输油站站控操作、现场监护的运行操作模式。

第二节 SCADA 系统组成与软硬件配置

一、SCADA 系统组成

输油管道 SCADA 系统主要由控制中心、站控系统、远控阀室 RTU 和系统通讯组成，实现全线工艺运行的数据采集和集中监控，SCADA 系统典型硬件配置图见图 3-1。图 3-2 为某管线 SCADA 系统硬件配置图，该管线 SCADA 系统有 1 个调度控制中心，1 个输油处监视中心，5 个站控系统、5 个远控阀室 RTU，系统通讯采用自有光缆和租用公网两种通讯方式。

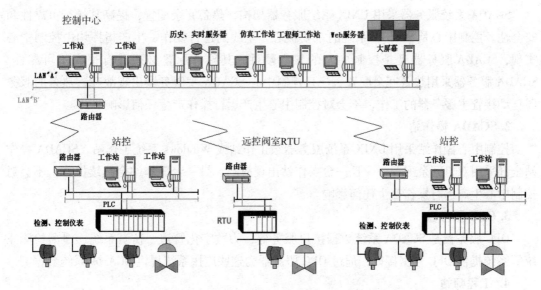

图 3-1 SCADA 系统典型硬件配置图

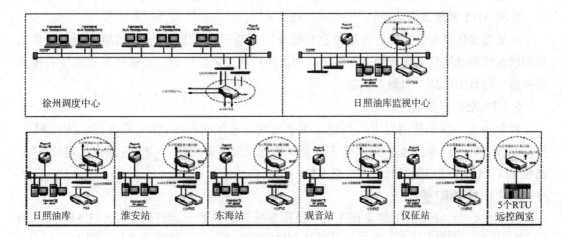

图 3-2 某管线 SCADA 系统硬件配置图

二、控制中心

（一）系统组成

SCADA 系统控制中心（以下简称中控系统）主要由 SCADA 服务器、硬盘阵列、操作员工作站（以下简称操作站）、工程师工作站、OPC 服务器、仿真服务器、仿真工作站、泄漏工作站、GPS 全球卫星定位系统组成。控制中心通过 SCADA 服务器与各站控系统 PLC、远控阀室 RTU 远程通讯，实现站场数据的采集上传和控制中心操作控制指令的下发，通过操作站与 SCADA 服务器本地通讯，为操作员提供人机界面，监控站场的工艺参数和设备运行状态，实现全线参数的数据采集和集中监控。典型硬件配置见图 3-1。

（二）硬件配置

1. SCADA 服务器

SCADA 系统服务器采用 UNIX 系统服务器架构，热备冗余配置，提高其运行可靠性和安全性。控制中心是 SCADA 系统的重要核心，全线的运行操作、生产指挥均由控制中心实现，SCADA 服务器又是控制中心的核心硬件，其硬件配置必须具有很高的可靠性。SCADA 服务器采用热备冗余配置，一旦控制中心 SCADA 主服务器出现故障，热备的服务器自动接管主服务器的工作，不会对控制中心生产运行操作产生任何影响。

2. SCADA 操作站

控制中心操作站采用 UNIX 系统服务器级工作站或 Windows 系统工作站。SCADA 操作站全部采用双机冗余配置，一旦一台操作站出现故障，另一台操作站会继续操作，不会对控制中心生产运行操作产生任何影响。

3. OPC 服务器

OPC 服务器是 SCADA 系统数据接口服务器，为数字化管道、仿真系统、泄漏检测系统等系统提供 OPC 数据接口，通过 OPC 服务器为这些应用系统提供 SCADA 系统数据。

4. 工程师站

工程师站主要用于系统维护工程师对 SCADA 系统设备进行远程诊断、调试和维护。

5. SCADA 系统高级应用

管道在线仿真系统、管道泄漏检测系统分别是基于 SCADA 系统的高级应用，仿真系统和泄漏检测系统分别实现管道在线仿真和泄漏检测与定位功能，其硬件配置主要有仿真服务器、仿真工作站、泄漏工作站。

6. GPS 全球卫星定位系统

控制中心 GPS 全球卫星定位系统，用来实现全系统所有 SCADA 服务器、站控 PLC、操作站设备时钟同步，通过 SCADA 服务器、操作站设备定期访问 GPS 全球卫星定位系统、站控 PLC 和操作站定期对时，实现全系统时钟同步。

（三）软件配置

控制中心 SCADA 服务器采用 UNIX 操作系统，服务器上运行的是基于 UNIX 系统的 SCADA 软件，控制中心操作员工作站采用 UNIX 系统或 Windows 操作系统，工作站上运行

SCADA HMI 人机界面软件，直接和服务器 SCADA 数据库进行数据通讯，并通过人机界面软件，为操作员提供友好的人机操作显示界面。

1. 控制中心典型软件配置

SCADA 服务器典型软件配置：操作系统软件（UNIX 系统）、SCADA 软件，数据库软件。

SCADA 操作站典型软件配置：操作系统软件（UNIX 系统或 Windows）、SCADA HMI 人机界面软件、Office 软件。

OPC 服务器典型软件配置：操作系统软件（Windows 系统）、OPC 接口软件。

2. 日仪线软件配置案例

日仪线 SCADA 系统主要软件配置如下：

SCADA 服务器软件配置：操作系统软件（UNIX 系统）、foxboro IA SCADA 软件，数据库软件。

SCADA 操作站软件配置：操作系统软件（UNIX 系统或 Windows）、SAMMI – HMI 人机界面软件、Office 软件。

OPC 服务器软件配置：操作系统软件（Windows 系统）、IO Server OPC 接口软件。

三、站控系统

（一）站控系统组成与硬件配置

站控系统主要由操作员站、站控 PLC、第三方设备通讯模块、网络交换机、路由器等组成。站控系统主要通过站控 PLC 实现站内工艺参数的采集、控制，向控制中心上传站控数据，接受控制中心下达的指令并执行，同时站控 PLC 也和站控操作站进行数据通讯，为站控操作员提供友好的人机操作显示界面。站控系统典型硬件配置图见图 3-3（以施耐德 PLC 系统配置为例）。

（二）站控 PLC 硬件配置

1. 站控 PLC 热备冗余配置

站控 PLC 是站控系统的核心硬件，其硬件配置必须具有高可靠性，站控 PLC 系统主要由 PLC 主、备机站和远程 IO 站组成，如图 3-3 所示。站控 PLC 全部采用完全热备冗余配置，从 PLC 的 CPU 模块、电源模块、以太网通讯模块到与远程 IO 站的通讯均采用热备冗余配置。

站控 PLC 采用热备冗余配置，一旦站控主 PLC 上的 CPU 模块、电源模块、以太网通讯模块出现故障，会自动无扰动地切换到热备 PLC 上运行，对站控系统和现场设备运行不会产生任何影响。一旦远程 IO 站的电源模块出现故障，冗余的电源模块会接管，不会让输入输出模块运行受影响，一旦远程通讯电缆出现故障，冗余的远程通讯电缆会接管，不会让远程 IO 站的通讯受影响。

正常运行时 PLC 主机站处于主运行状态（Primary 状态），从机站处于热备（Standby）状态，CPU 模块有相应的运行状态指示灯，显示当前的运行状态（主运行 Primary 还是热

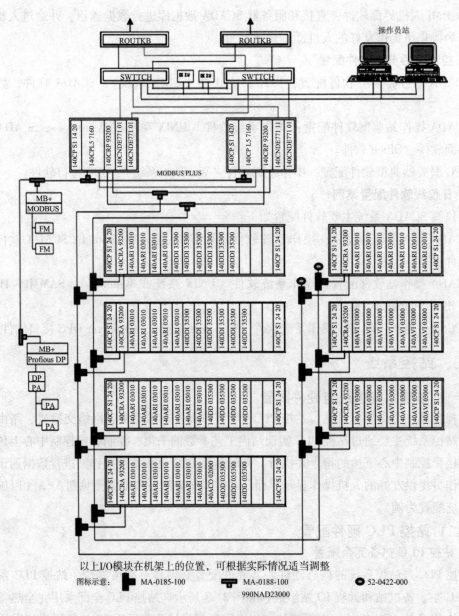

以上I/O模块在机架上的位置，可根据实际情况适当调整

图标示意：　　■ MA-0185-100　　▬ MA-0188-100　　● 52-0422-000
　　　　　　　　　　　　　　　　　　990NAD23000

图3-3　站控系统典型硬件配置图

备 Standby 状态）。当主机站上的 CPU 模块、电源模块、热备模块、远程通讯模块、以太网模块中的任一模块出现故障时，备机站会自动无扰动切换到主运行状态，有故障的主机站会自动切换到备用状态，不会中断 PLC 的正常运行，不会影响站控操作。

2. PLC 主、备机站

PLC 主、备机站分别由主、备机架及主、备机架上安装的 CPU 模块、电源模块等模块组成，如图 3-3 所示，主、备机架上安装的硬件模块配置完全相同，从左到右分别安装电源模块、CPU 模块、远程 IO 站通讯模块和 2 个以太网模块。图 3-4 是某站控 PLC 主、备站水平安装图。

站控 PLC 系统主、备机站是 PLC 的核心部分，相当于 PLC 的神经中枢，负责 PLC 系统所有 IO 模块的通讯、编程和逻辑运算。其中 CPU 模块负责所有 IO 模块的信号处理、逻辑运算、编程、指令输出，同时负责主、备机站上模块状态检测、数据同步和故障时自动切换；电源模块负责为机架上的所有模块提供电源；远程通讯模块负责与远程 IO 站上的 IO 模块数据通讯；以太网模块负责提供以太网通讯接口，与站控以太网络上的站控操

图 3-4　某站控 PLC 主、备机站水平安装图

作站及其他外部设备连接。图 3-5 是主机站施耐德 PLC 模块运行状态显示，左边是 CPU 模块运行状态显示窗，显示 "Run Primary" 即主运行状态，右边分别是主机站施耐德 PLC 远程通讯模块通讯模块、2 个以太网模块的运行指示灯，通过运行指示灯的状态和颜色变化可以判断模块的运行情况。

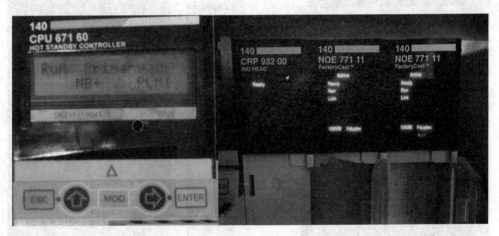

图 3-5　主机站施耐德 PLC 模块运行状态显示

3. PLC 远程 IO 站

远程 IO 站由远程 IO 机架及其上安装的冗余电源模块、远程通讯模块和输入输出模块组成。图 3-6 是某站控 PLC 远程 IO 站安装图，图中有 2 个远程 IO 站，每个远程 IO 站机架上配置 2 个电源模块为所有输入输出模块提供冗余电源，分别安装在机架的两端，一旦一个电源模块出现故障，由另一个电源模块提供电源，不影响输入输出模块的供电。图中每个远程 IO 站机架第二个模块位置安装的是远程通讯模块，它采用双网（图中两路绿色的同轴电缆）与 CPU 主机站的远程通讯模块进行通讯，负责将该远程站上所有输入输出模块的数据与主机站 CPU 进行通讯和数据交换。

PLC 输入输出模块主要有模拟量输入模块（简称 AI 模块）、模拟量输出模块（简称 AO 模块）、热电阻输入模块（简称 RTD 模块）、开关量输入模块（简称 DI 模块）、开关

量输出模块（简称 DO 模块）。由图 3-7 可见，远程 IO 站机架从左边数第一个位置和最后一个位置分别安装的是电源模块，第二个位置安装远程 IO 站通讯模块，从第三个位置才开始安装输入输出模块，图中从上数第二个远程 IO 站安装的全部是模拟量模块，主要有 AI 模块、RTD 模块、AO 模块。

（1）AI 模块

AI 模块是多通道模拟量输入模块，站控 PLC AI 模块通常采用 8 通道差分输入，每个通道的分辨率是 14 位，25℃的精度是 0.03%。每个通道输入信号是 4～20mA 电流或 1～5V 电压信号，这些信号主要来自现场的压力变送器、温度变送器、振动变送器、可燃气体探测器等检测仪表。

AI 模块上有状态指示灯，显示模块的工作状态是否正常，正常工作时，通讯灯常亮绿色，出现故障时，故障灯会亮红色。每个通道均有通道状态指示灯，显示通道的工作状态是否正常，正常时常亮绿色，出现故障时（未接线或输入信号超量程），会亮红色。图 3-7 是施耐德 PLC AI 模块和某站控远程 IO 站的 AI 模块。

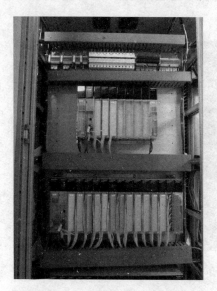

图 3-6　某站控 PLC 远程 　　　　图 3-7　施耐德 PLC AI 模块和某站控远程
　　　　　IO 站安装图 　　　　　　　　　　　　IO 站的 AI 模块

（2）RTD 模块

RTD 模块是多通道热电阻输入模块，站控 PLC RTD 模块通常采用 8 通道 RTD 输入模块，每个通道的分辨率是 12 位，25℃的精度是 0.2%。每个通道输入信号是热电阻信号，主要来自进出站、输油泵机组温度检测等现场温度检测的热电阻。

RTD 模块上有状态指示灯，显示模块的工作状态是否正常，正常时，通讯灯常亮绿色，出现故障时，故障灯会亮红色。每个通道有通道状态指示灯，显示通道状态是否正常，正常时，常亮绿色，出现故障时（信号超限或通道开路），亮红色。图 3-8 是施耐德 PLCRTD 模块和某站控远程 IO 站的 RTD 模块。

（3）AO 模块

AO 模块是多通道模拟量输出模块，站控 PLC AO 模块通常采用 4 通道输出，每个通道的分辨率是 12 位，25℃的精度是 0.2%。每个通道输出的是 4～20mA 电流信号，主要用于控制调节回路的调节设备，如出站调节阀、给油泵区配输调节阀的开度、加热炉的出炉温度或烟道挡板开度。

AO 模块上有通讯状态指示灯，显示模块的通讯状态是否正常，正常时，通讯灯常亮绿色，每个通道有道道状态指示灯，显示通道状态是否正常，正常时，常亮绿色，出现故障时（通道开路），亮红色。图 3-9 是 AO 模块和某站控 PLC 远程 IO 站的 AO 模块。

图 3-8　施耐德 PLC RTD 模块和某站控远程 IO 站的 RTD 模块

图 3-9　施耐德 PLC AO 模块和某站控远程 IO 站的 AO 模块

（4）DI 模块

DI 模块是多通道开关量输入模块，站控 PLC DI 模块通常采用 16 通道或 32 通道输入，每个通道输入的是无源触点的开关信号，这些信号主要来自现场的压力开关、电动阀门的开关状态、输油泵的运行状态等。

DI 模块上有通讯状态指示灯，显示模块的通讯状态是否正常，正常时，通讯灯常亮绿色，每个通道都有开关状态指示灯，显示通道输入信号的开关状态，开关闭合时，通道灯亮绿色，开关断开时，通道灯熄灭。图 3-10 是施耐德 PLCDI 模块和某站控远程 IO 站上的 DI、DO 模块，左边 2 块标有 DDI35300 的是 DI 模块。

图 3-10　施耐德 PLC DI 模块和某站控远程 IO 站上的 DI、DO 模块

（5）DO 模块

DO 模块是多通道开关量输出模块，站控 PLC DO 模块通常采用 16 通道或 32 通道输出，每个通道输出 24V 有源触点信号，这些输出信号全部通过继电器隔离后，驱动变电所控制现场电动阀门开关或输油泵启停的继电器。

DO 模块上有状态指示灯，显示模块的状态是否正常，正常时，通讯灯常亮绿色，故障灯熄灭，出现故障时，故障灯亮红色。每个通道都有开关状态指示灯，显示通道输出信号的开关状态，开关闭合时，通道灯亮绿色，开关断开时，通道灯熄灭。图 3-10 是施耐德 PLC DI 模块和某站控远程 IO 站上的 DI、DO 模块，最右边标有 DDO35300 的是 DO 模块。

（三）站控软件配置

站控系统的操作站和站控 PLC 需要配置相应的编程组态软件，具体如下：

1. 站控操作站软件配置

操作系统软件（Windows 系统）、站控组态软件、Office 软件。

2. PLC 软件配置

PLC 编程软件，不同品牌或型号的 PLC 配置不同的编程软件。

站控系统集成商根据不同项目工程对站控系统的不同要求，通过编程软件组态开发完成项目的应用软件，安装在站控操作站和 PLC 上，最终实现站控系统的所有功能。

3. 站控系统软件配置案例（以日仪线为例）

（1）站控操作站软件配置：操作系统软件（Windows 系统）、INTOUCH 组态软件、Office 软件、操作站项目组态应用软件。

（2）PLC 软件配置：UNITY PRO 施耐德昆腾系列 PLC 编程软件、站控 PLC 应用软件。

四、远控阀室 RTU 系统

（一）硬件配置

远控阀室 RTU 系统远控阀室由 RTU、网络交换机、路由器等组成，实现控制中心对阀室的监测和控制功能，远控阀室 RTU 系统硬件配置图见图 3-11。

远控阀室 RTU 采用 CPU 冗余热备配置，双以太网口输出，提高 RTU 可靠性，远控阀室主要采集远控阀门的开关状态信号、阀室可燃气体、门禁、UPS 故障信号，并对阀门进行远程控制。远控阀室 RTU 主要配置 AI、DI、DO 模块或混合模块采集上述信号。

（二）软件配置

远控阀室 RTU 系统需要配置 RTU 编程软件，通常与 RTU 硬件成套提供。

五、系统通讯

SCADA 系统通讯由站控本地局域网、控制中心本地局域网、站控与控制中心之间远程通讯三部分组成。

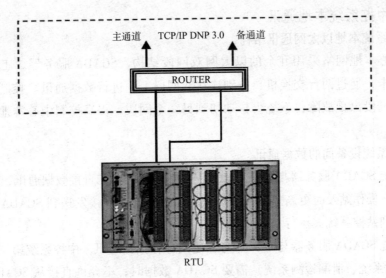

主通道　　TCP/IP DNP 3.0　　备通道

ROUTER

RTU

图 3-11　远控阀室 RTU 系统硬件配置图

（一）系统通讯配置要求

SCADA 系统通讯配置要求生产网络全部热备冗余配置，即站控、控制中心本地局域网采取双网段冗余配置，站控与控制中心之间远程通讯线路采取两种不同通讯方式热备配置。

（二）站控与中控远程通讯

1. 远程通讯线路（主备线路）

站控与控制中心之间远程通讯，一般采用光纤专网和租用公网两种通讯方式的双链路通讯，站控与中控生产网之间通过主备路由器和远程通讯线路连接起来，形成 SCADA 系统的通讯网络（简称生产网）。新建输油管道通常与管道同沟敷设光纤，形成管道光纤专网，对于没有敷设光纤专网的老管道，通常租用两个不同运营商的公网。根据通讯可靠性，在两种远程通讯方式中选择一种为主通讯方式，另一种为备用通讯方式，一旦主链路通讯中断，主备路由器自动切换，备用链路自动接管，系统通讯不会中断，确保站控到控制中心之间的通讯可靠。

2. 两端通讯设备

站控与控制中心两端采用路由器与远程通讯线路连接，实现远程通讯，两端路由器均采用冗余配置，分别接入 2 条远程通讯线路（光纤专网和租用公网）。

3. 站控系统与中控系统数据通讯

站控系统通过 DNP3.0 或 IEC60870-5-104 通讯协议和控制中心 SCADA 服务器通讯，DNP3.0 和 IEC870-5-104 通讯协议是 SCADA 系统专用的远程通讯协议，它具有数据逢变则报和 SOE 等功能。站控系统通常采用通讯协议转换器，将 PLC 系统支持的 MODBUS TCP/IP 转换为 DNP3.0 或 IEC870-5-104 协议后与控制中心 SCADA 服务器通讯，一般采用专用通讯网关或 RTU 作为协议转换器，图 3-3 中的 DCIU 就是通讯协议转换器。

（三）中控系统本地通讯

1. 中控系统本地以太网通讯结构

控制中心本地网络采用冗余的以太网双网段结构，SCADA 服务器、工作站上均配置双以太网卡，通过两台交换机，分别连在双网段上，进行数据通讯。控制中心本地网一旦有一个网段出现故障，系统会自动切到另一个网段，提高控制中心本地网络通讯的可靠性。

2. 中控系统设备间的数据通讯

中控系统 SCADA 服务器与操作站（工程师站）之间存在直接数据通讯，SCADA 系统数据变化时，操作站及时更新显示，操作员操作时，指令直接发送到 SCADA 服务器，由服务器下发到站控系统去执行。

中控系统 SCADA 服务器与 OPC 服务器之间存在数据通讯。中控系统第三方应用软件（如仿真培训系统、泄漏检测系统）需要 SCADA 数据时，不允许直接从 SCADA 服务器直接读取，需要通过与 OPC 服务器通讯获得 SCADA 数据。

智能化管道需要 SCADA 数据时，通过与 OPC 服务器通讯获得，考虑到 SCADA 生产网与内部管理网的安全隔离，智能化管道采用数采系统从 OPC 服务器读取数据，在数采系统与 OPC 服务器之间安装了数采网关进行数据安全隔离。

（四）站控系统本地通讯

1. 站控本地以太网通讯结构

站控系统本地网络采用冗余的双网段以太网，PLC 和 RTU 上均配置双以太网模块，工作站上均配置双以太网卡，通过两台交换机，分别连在双网段上，进行数据通讯，一旦有一个网段出现故障，系统会自动切到另一个网段，提高站控本地网络通讯的可靠性。

2. 站控系统设备间的数据通讯

站控 PLC 和操作站之间通过以太网直接数据通讯，站控 PLC 采集到工艺参数变化时，操作站及时更新显示，操作员操作时，指令直接发送到站控 PLC 系统去执行。

站控 PLC 与第三方设备（如阀门控制器，变配电，流量计算机，超声波流量计，雷达液位计 FCU 和库存管理工作站，加热炉控制系统，锅炉控制系统）之间主要采用以太网或串行口进行通讯。

第三节　SCADA 系统功能

随着 SCADA 系统在输油管道上广泛应用，输油生产运行、调度指挥越来越依赖 SCA-DA 系统。为满足安全生产和减人增效的需要，SCADA 系统实现的功能不断扩充增强，输油自动化水平也在不断提高，SCADA 系统在输油生产调度指挥中变得越来越重要。

一、SCADA 系统控制方式

（一）SCADA 系统三级控制方式

SCADA 系统设置有控制中心（简称中控）、站控、就地三种控制方式，三种控制方式可以无扰动切换。三种控制方式操作情况如下：

"中控"方式，全线运行由调控中心统一调度指挥，各个站场设备全部由中控人员在控制中心进行远控操作，站控人员在现场进行监护。"中控"方式下，站控操作员无权限对站场设备进行远控操作，只能用中控操作员进行操作。

"站控"方式，站场设备由站控人员在站控室远控操作，现场进行监护，不再接受中控操作命令，全线各个站控系统独立运行，"站控"操作，互不影响。"站控"方式下，中控操作员不能对站场设备进行远控操作，只能由站控操作员进行操作。

"就地"方式，站场设备只能由站控人员现场就地操作，不再接受中控和站控的操作命令。"就地"方式下，中控和站控均不能远控操作，只能在现场进行就地操作。

（二）SCADA 系统操作控制原则

SCADA 系统实行中控、站控、就地三种控制方式，三种控制方式可以无扰动切换。实行一级调控指挥的输油管线，正常运行采用"中控"方式，全线运行由调控中心统一调度指挥，站场设备全部由中控人员进行远控操作，站控人员进行现场监护。未实行一级调控指挥的输油管线，正常运行采用"站控"方式，全线运行由调控中心统一调度指挥，站场设备全部由站控人员进行远控操作和现场监护。

（三）SCADA 系统控制方式切换原则

1. 中控切换站控原则

在中控系统故障或与站控系统通讯中断时，需要中控授权站控，将全线或某一站控制方式由"中控"切换至"站控"，站场设备由站控人员远控操作，不再接受中控操作命令。

2. 站控切换就地原则

站控或中控操作设备均出现故障时，设备需要由"远控"切换至"就地"操作，站场设备由站控人员就地操作，不再接受中控和站控的操作命令。

二、控制中心功能

（一）控制功能

目前控制中心主要实现以下控制功能：

（1）输油泵、给油泵的单泵自动逻辑启泵、逻辑停泵、紧急停泵；

（2）输油泵组的自动顺序启泵、顺序停泵；

（3）输油泵的自动切换；

（4）输油设备和管线的安全联锁保护；

（5）进出站压力自动调节保护；

（6）阀门的远控开、关、停、开度控制；

（7）加热炉的单炉自动逻辑点炉、逻辑停炉；

（8）加热炉组的自动顺序点炉、顺序停炉；

（9）输油站 ESD 紧急停车和全线 ESD 紧急停输；

（10）管道外输流量控制、分输流量控制；

（11）首站或油库不同油品原油按比例或按含硫量自动混输控制；

（12）换热器的自动逻辑启停控制；

（13）换热器的原油出口温度自动调节；

（14）变频器自动变频调节；

（15）全线水击超前保护控制。

（二）显示和报警事件记录功能

目前控制中心主要实现以下画面显示和报警事件记录打印功能：

（1）全线各站数据采集和集中显示（全线总貌图、管道走向图）；

（2）全线各站工艺流程图动态显示（站场总貌图和工艺分区画面）；

（3）全线各站报警、事件记录显示；

（4）全线各站工艺参数实时和历史趋势显示；

（5）全线各站报表自动生成和打印；

（6）全线各站报警和事件记录查询和打印。

（三）数据库管理和系统维护功能

目前控制中心主要实现以下数据库管理和系统维护功能：

（1）实时数据库和历史数据库管理；

（2）为应用软件提供标准数据接口；

（3）监控和操作权限管理；

（4）远程在线维护。

三、站控系统功能

（一）控制功能

目前站控系统主要实现以下控制功能：

（1）输油泵、给油泵的单泵自动逻辑启泵、逻辑停泵、紧急停泵；

（2）输油泵组的自动顺序启泵、顺序停泵；

（3）输油泵的自动切换；

（4）输油设备和管线的安全联锁保护；

（5）密闭输油管线进出站压力自动调节保护；

（6）阀门的远控开、关、停、开度控制；

（7）管道首站外输流量控制、分输站分输流量控制；

（8）不同油品原油按比例或按含硫量自动混输控制；

（9）输油站 ESD、输油泵组 ESD 和加热炉组 ESD 紧急停车；

（10）加热炉的单炉自动逻辑点炉、逻辑停炉；

（11）加热炉组的自动顺序点炉、顺序停炉；

（12）换热器的自动逻辑启停控制；

（13）换热器的原油出口温度自动调节；

（14）变频器自动变频调节；

（15）本站的水击源判断和水击超前保护控制。

（二）显示和报警事件记录功能

站控系统主要实现以下画面显示和报警事件记录功能：

（1）输油站工艺数据采集和集中显示；

（2）输油站工艺流程图动态显示（站场总貌图和分貌图画面）；

（3）输油站输油设备操作和控制画面显示；

（4）输油站工艺参数实时和历史趋势显示；

（5）输油站报表自动生成和打印；

（6）输油站报警和事件记录查询和打印。

（三）数据库和维护管理功能

站控系统主要实现以下数据库和维护管理功能：

（1）历史数据库（主要用于生成报表）；

（2）操作权限管理功能；

（3）在线维护（通过中心工程师站远程实现）。

四、SCADA 系统调节控制功能

（一）进出站压力自动保护调节

1. 功能概述

进出站压力自动调节保护是密闭输油管线上经常采用的一种进出站压力自动保护措施。密闭输油管线，在首站和中间输油站出站均安装了出站调节阀，用于对进、出站压力进行自动保护。由于进站压力的超低保护主要是防止输油泵抽空，调节输油泵入口汇管压力相对于进站压力更为直接，因此密闭输油管线的出站调节阀，其进站压力保护基本上都是以输油泵泵入口汇管压力作为进站压力保护回路的调节参数，只有早期改造的鲁宁线采用进站压力作为调节参数。

2. 调节控制原理

进出站压力自动调节保护，是通过泵入口汇管压力和出站压力 2 个 PID 调节回路经过高选后控制出站调节阀的开度，来保护进站压力不超低和出站压力不超高。2 个 PID 调节回路及其输出信号的高选均由站控 PLC 系统自动实现，其调节原理见图 3-12。

3. 操作与控制

出站调节阀，有"就地"和"远控"两种运行状态，正常情况下调节阀应运行在远

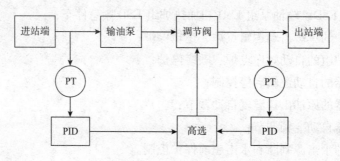

图 3-12　出站调节阀自动调节原理图

图 3-13　站控出站调节阀
操作面板

控自动状态。"就地"状态下，只能在现场进行操作；"远控"状态下，有自动和手动两种远控方式，均通过 SCADA 系统出站调节阀操作面板进行操作和控制。

图 3-13 为站控出站调节阀操作面板，主要显示调节阀两个调节回路的设定值（也称调节阀的压力起调值）和实际测量值、当前调节阀的运行状态和开度，通过操作面板可设定调节阀的压力起调值，对调节阀运行状态进行切换。

注意：调节阀的设定值通常根据正常工艺运行时的最大运行压力和管道设计压力来设置，设置后除重大工艺变更外一般不做更改。

（1）出站调节阀自动运行

出站调节阀在自动状态时，通过泵入口汇管压力和出站压力两个调节回路自动调节，通常处于全开状态，只有当任一个压力超限达到起调值时，调节阀会自动调节关阀，使进站压力上升，出站压力下降，实现进出站压力自动保护。

（2）出站调节阀手动运行

出站调节阀手动运行时，不再具有进出站压力自动保护功能。通常只有当调节阀出现故障或需要维护时，才将调节阀从自动切换到手动状态。手动运行时，通过操作面板手动设定调节阀开度，控制调节阀。

（二）原油混输配比自动调节

1. 功能概述

原油混输配比自动调节，是对两种或三种油品按照不同油种原油的配输比例（有配输工艺的站场，一般随输油计划会下达不同油品配输比例，质量比），进行配输比例自动调节控制，实现不同油品按比例混输的要求。

2. 原油混输配输工艺

原油混输主要有两种配输工艺：给油泵出口配输和给油泵出口汇管配输。给油泵出口配输工艺主要应用在商储库和油库，给油泵出口汇管配输工艺主要应用在输油首站和油库。

（1）给油泵出口配输工艺

给油泵出口配输工艺，是在每台给油泵出口安装调节阀和流量计，每台给油泵有两个或三个入口阀门，分别连接不同的给油泵入口汇管，不同油品分别从储油罐通过不同的给油泵入口汇管接入给油泵，给油泵通过入口阀选择对应的入口汇管来配输不同的油品，每种油品可能通过一台或多台给油泵进行配输，油品配输比例是通过每台给油泵出口安装的调节阀和流量计进行流量调节控制后，汇入输油泵入口，经输油泵外输实现原油混输。

图 3-14 是某油库给油泵出口配输工艺流程图。该油库混输配比设置有 4 台配输用的给油泵，每台给油泵入口通过 2 阀门分别连接两根不同汇管，分别对应油品一和油品二的罐来油，每台给油泵出口均配置有 1 台流量计和 1 台调节阀进行配输流量调节。

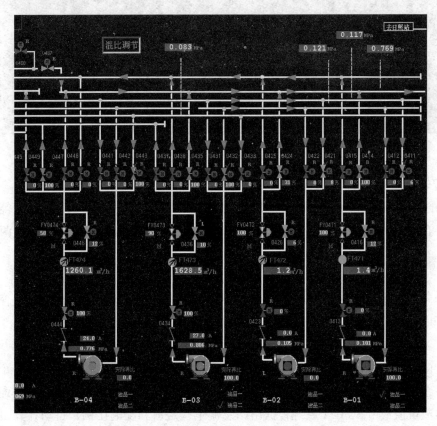

图 3-14 某油库给油泵出口配输工艺流程图

（2）给油泵出口汇管配输工艺

给油泵出口汇管配输工艺，是在给油泵出口汇管上安装调节阀和流量计，不同的出口汇管连接不同的给油泵组，每个给油泵组分别连接不同的给油泵入口汇管，不同油品分别从储油罐通过不同的入口汇管接入对应的给油泵组，从对应的给油泵组出口汇管上进行配输调节后，汇入输油泵入口，经输油泵外输实现原油混输，油品配输比例通过给油泵出口汇管安装的调节阀和流量计进行流量调节来控制。

图 3-15 是某输油站给油泵出口汇管配输工艺流程图，该站可实现三种油品混输，每

种油品对应一组给油泵，油品一对应给油泵 B－1/B－2/B－3，油品二对应给油泵组 B－4/B－5/B－6，油品三对应是罐区给油泵组，该站通常采用两种油品配输，不同的给油泵组连接不同的给油泵出口汇管，每个给油泵出口汇管均配置有 1 台流量计和 1 台调节阀进行配输流量调节，分别通过对应的调节阀进行流量调节实现混输配比。

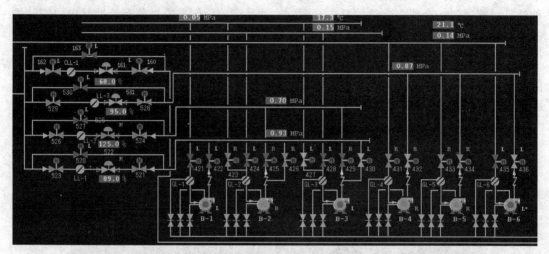

图 3－15　某输油站给油泵出口汇管配输工艺流程图

3. 配输控制方式及原理

给油泵出口配输和给油泵出口汇管配输两种配输工艺，原油混输配比调节功能基本相同，主要有手动调节、流量调节、自动比例调节三种控制方式，三种控制方式调节原理如下：

（1）手动调节

手动调节，是由操作员根据配输比例，手动控制每台给油泵出口（或出口汇管上）调节阀的开度，调节给油泵出口（或出口汇管上）流量，实现原油混输配比。

（2）流量调节

流量调节，是每台给油泵出口（或出口汇管上）安装调节阀和流量计组成一个流量调节回路，系统自动对每个回路进行单回路流量调节。流量调节前需要由操作员按配输比例人工设定流量值或由 SCADA 系统根据出站总流量设定值和配输比例，自动计算出各调节阀的设定流量，参数设定完成后，每个调节回路的流量设定值是保持不变，各个回路流量调节独立运行，调节过程无须人工干预。

（3）自动比例调节

自动比例调节，是每台给油泵出口（或出口汇管上）安装调节阀和流量计组成一个流量调节回路，将其中流量最大的调节回路设为主回路流量调节，也称主调节回路，该回路的流量设定值根据出站总流量设定值和配输油品比例自动计算，其他回路（也称副调节回路）的流量设定值按照主调节回路的实际流量和配输比例自动计算，每个副调节回路按照自动计算的流量设定值，自动进行流量调节，整个调节过程，无须人工干预，系统会根据主调节回路实际流量变化，实时计算和调整副回路的流量设定值，确保配输比例不变，不会因配输过程中油品流量变化影响实际的配输比例。因此自动比例调节相比流量调节，配输比例更精准。

4. 调节与控制

原油混输配比控制，通过 SCADA 系统混输配比控制操作面板上进行调节与控制，操作面板上显示各种配输信息，包括配输油品名称、配输比例设定、实际比例、不同油品实时流量、总流量设定、配输的操作控制方式（自动/手动/流量）等信息。图 3-16 是某油库给油泵出口混输配比操作面板。

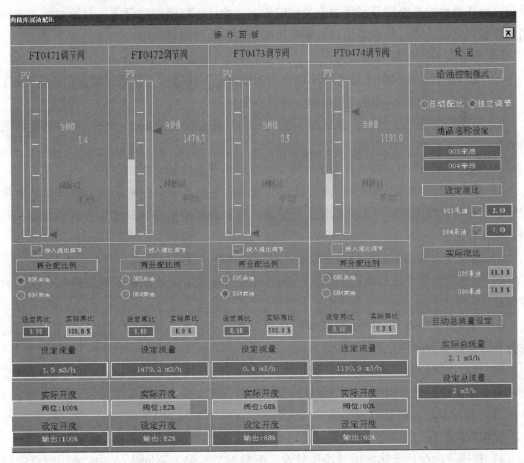

图 3-16　某油库给油泵出口混输配比操作面板

（1）给油泵出口混输配比

配输前的操作与控制要求如下：

a）按照混输配比操作面板，操作员要设定配输参数：输入配输的油品一和二对应的油品名称、设定的配输比例、总流量设定；

b）操作员要选择配输的给油泵，给油泵启泵前，操作员要选择每台给油泵配输的油品，即选择油品一还是油品二，如果两台泵输送同一种油品，需在每台给油泵上对该种油品比例进行再分配，输入再分配比例（简称再比）。对于运行单一油品的给油泵，不需要设定，系统自动设定再比为1，系统会根据设定的配输比例和再比，对每台给油泵调节回路的流量设定值进行计算；

c）选择配输控制方式（自动/手动/流量），一般首次运行或启泵等工况不稳定时，先选择手动控制，待手动控制混输配比接近设定的配比，运行平稳后再切到流量或自动控制。

从手动调节无扰动切换至流量调节，注意事项及控制要求如下：

a）检查和设定配输比例和总流量设定、给油泵再比，根据配输比例、再比和总流量设定，计算每台给油泵调节回路的流量设定值，并按计算值检查和设定每台给油泵调节回路的流量设定值，通过给油泵出口混输配比操作面板进行流量设定；

b）检查每台给油泵的流量是否稳定，是否和其流量设定值接近；

c）确认每台给油泵的流量实际测量值和流量设定值接近后，从手动切换至流量控制；

d）切换后，检查各回路调节阀阀位是否有变化；

e）流量控制方式运行时，要根据工艺运行的总流量变化和配比变化，及时调整各回路流量的设定值。

从流量调节无扰动切换至自动比例调节，注意事项及控制要求如下：

a）检查和设定配输比例和总流量设定、给油泵再比，根据配输比例、再比和总流量设定，计算每台给油泵调节回路的流量设定值，并按计算值检查和设定每台给油泵调节回路的流量设定值；

b）检查每台给油泵的流量是否稳定，是否和其流量设定值接近；

c）确认每台给油泵的流量实测值和流量设定值接近后，从流量控制切换至自动比例控制；

d）切换后，检查每台给油泵调节回路的流量设定值是否和流量设定的计算值一致，检查各回路调节阀阀位是否有变化；

e）自动比例控制方式运行时，要根据工艺运行的总流量变化和配比变化，及时调整总流量和配比设定值，检查各回路流量的设定值是否同步变化。

（2）给油泵出口汇管混输配比

配输前的操作与控制要求如下：

a）按照混输配比操作面板，操作员设定配输参数，输入不同油品的配输比例设定和总流量设定；

b）操作员要选择配输的给油泵，系统会根据设定的配输比例和总流量设定，自动计算每个给油泵出口汇管调节回路的流量设定值；

c）选择配输控制方式（自动/手动/流量），一般首次运行或启泵等工况不稳定时先选择手动控制，待手动控制混输配比接近设定的配比且运行平稳后，再切到流量或自动控制。

从手动调节无扰动切换至流量调节，注意事项及控制要求如下：

a）检查和设定配输比例和总流量设定，根据配输比例和总流量设定，计算每台给油泵调节回路的流量设定值，并按计算值检查和设定每台给油泵调节回路的流量设定值；

b）检查每种油品对应的给油泵出口汇管流量是否稳定，是否和其流量设定值接近；

c）确认每种油品对应的给油泵出口汇管流量实际测量值和流量设定值接近后，从手动切换至流量控制；

d）切换后，检查给油泵出口汇管各回路调节阀阀位是否有变化；

e）流量控制方式运行时，要根据工艺运行的总流量变化和配比变化，及时调整各回路流量的设定值。

从流量调节无扰动切换至自动比例调节，注意事项及控制要求如下：

a）检查和设定配输比例和总流量设定，根据配输比例和总流量设定，计算每种油品对应的给油泵出口汇管流量调节回路的流量设定值，并按计算值检查和设定每个调节回路的流量设定值；

b）检查每种油品对应的给油泵出口汇管流量是否稳定，是否和其流量设定值接近；

c）确认每种油品对应的给油泵出口汇管流量实测值和流量设定值接近后，从流量控制切换至自动比例控制；

d）切换后，检查油品－给油泵汇管调节回路的流量设定值是否和流量设定的计算值一致，检查油品一、油品二或油品三给油泵汇管的流量设定值和调节阀阀位是否随着油品一流量变化而调节变化。

e）自动比例控制方式运行时，要根据工艺运行的总流量变化和配比变化，及时调整总流量和配比设定值，检查油品一给油泵汇管流量的设定值是否同步变化，油品二或油品三给油泵汇管的流量设定值和调节阀阀位是否随着油品一流量变化而调节变化。

（三）输油泵自动变频调节

1. 功能概述

输油泵自动变频调节，是以输油泵（或给油泵）机组的运行压力或流量为被控参数，以配套的变频器作为被控对象，由操作员人工根据工艺运行需要设定运行压力或流量的设定值，系统自动调节变频器运行频率，使压力或流量稳定在设定值附近运行。

2. 调节原理

输油泵自动变频调节，是一个压力或流量的 PID 单回路调节，其调节回路是由变频器的控制系统实现的，SCADA 系统向变频器控制系统提供压力或流量的实际测量值和设定值，变频器的控制系统根据压力或流量的实际测量值和设定值的偏差自动进行 PID 单回路调节计算，根据 PID 输出信号自动控制变频器的频率，最终使压力或流量的实际测量值与设定值接近，直到偏差在允许的控制范围内。

3. 调节与控制

变频器的运行操作主要有就地和远控两种状态，就地状态下，只能通过变频器自带的控制系统人机界面进行变频器的相关操作。远控状态下，变频器通过 SCADA 系统进行远控操作。远控状态有自动控制（或闭环控制）和手动控制（或开环控制）两种控制方式。

图 3-17 是日仪线变频器控制柜操作面板，上面有就地/远控切换开关、人机操作界面和紧急停机按钮。图 3-18 是日仪线 SCADA 系统变频器操作面板，变频器远控状态下的自动和手动控制均通过该操作面板完成。

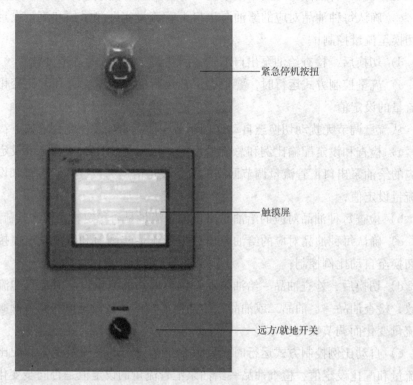

紧急停机按扭

触摸屏

远方/就地开关

图 3-17　日仪线变频器控制柜操作面板

（1）自动调节（或称闭环控制）

自动控制，需要操作员根据运行需要，在 SCADA 系统变频器操作面板上，设置运行压力或流量的设定值，SCADA 系统将运行压力或流量的设定值和实际运行值，发送给变频器控制系统，变频器控制系统根据两者偏差，自动调节变频器频率，控制运行压力或流量稳定在设定值运行。

（2）手动调节（或称开环控制）

手动控制，需要操作员根据运行需要，在 SCADA 系统变频器操作面板上，人工设置变频器频率，SCADA 系统将变频器频率设定值，发送给变频器控制系统，手动调节运行压力或流量。

（3）自动/手动（或称闭环/开环）切换

变频器自动/手动控制可以互相切换，切换过程要求实现无扰动切换。

对于手动切自动（或开环控制切闭环控制），切换前后应注意以下事项：

以日仪线变频器控制为例，手动切自动（或开环控制切闭环控制），切换前后应注意以下事项：

①切换前检查并根据需要设置泵出口汇管压力设定值；

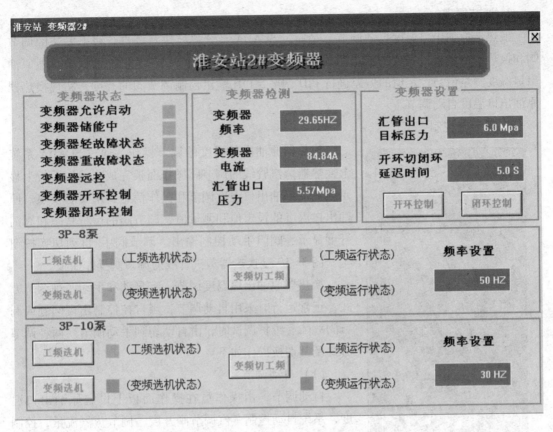

图 3-18 某管线 SCADA 系统变频器操作面板

②人工调节变频器频率，使泵出口汇管压力值与设定值接近，运行平稳后，再切到闭环控制；

③切换后，需要延时一段时间（该时间是按变频器厂家要求的开闭环切换延时时间设置）后，变频器才从手动切自动（或从开环控制切闭环控制）；

④自动（或闭环）控制由变频器自带的控制系统，根据站控系统泵出口汇管压力值与设定值的偏差自动调节变频器频率输出，自动（或闭环）控制时变频器操作面板上的频率设定值应自动跟踪变频器的运行频率。

自动切手动（或闭环控制切开环控制），切换前应注意以下事项：

切换前，检查确认频率设定值跟踪变频器当前的反馈频率后，再从自动（闭环）切到手动（开环）控制。

（四）换热器原油出口温度自动调节

1. 功能概述

换热器原油出口温度自动调节，是在换热器的蒸汽管线上设置调节阀，在换热器原油出口设置热电阻检测原油温度，通过自动调节进入换热器的蒸汽流量，来自动控制换热器原油出口温度。

2. 调节原理

换热器原油出口温度自动调节，是通过 SCADA 系统将换热器蒸汽管线上安装的调节阀和换热器原油出口安装的热电阻构成一个温度调节回路，SCADA 系统根据换热器原油出口温度测量值与设定值的偏差进行 PID 调节，PID 输出控制调节阀的开度，实现换热器原油出口温度自动调节。

3. 调节与控制

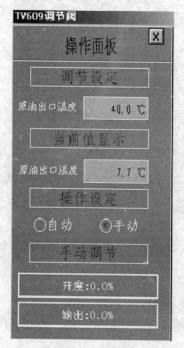

图 3-19　换热器蒸汽管线的
调节阀操作面板

换热器原油出口温度的调节操作，通过 SCADA 系统上换热器蒸汽管线的调节阀操作面板完成，操作面板上显示换热器原油出口温度调节和操作信息，主要有换热器原油出口温度的设定值和测量值、调节阀的运行状态和阀门开度显示、阀门手动控制输出、调节阀手/自动切换按钮等。图 3-19 是换热器蒸汽管线的调节阀操作面板。

换热器原油出口温度调节，有自动和手动两种调节方式，正常运行时采用自动调节，当自控控制出现问题或调节阀故障、维护调试时，由自动切到手动调节。两种调节方式及其切换操作如下：

（1）自动调节

自动调节，由操作员在操作面板上设定原油出口温度，系统自动控制蒸汽调节阀开度，调节蒸汽流量，控制原油出口温度。

（2）手动调节

手动调节，由操作员在操作面板上设定蒸汽调节阀开度，手动调节蒸汽流量，控制原油出口温度。

（3）手/自动无扰动切换

手动切自动，操作前要检查原油出口温度的设定值，检查温度设定值与原油出口温度是否接近，若偏差较大，需要手动调节接近后，再从手动切换至自动。

自动切手动，操作前要检查手动控制的阀门输出是否跟踪调节阀开度，两者一致后，再从自动切到手动。

五、SCADA 系统逻辑控制功能

（一）电动阀控制

1. 控制方式

长输原油管道电动阀主要有两种控制方式，一种是硬接线的点对点控制方式，主要集中在老管线，另一种是目前广泛使用的环网总线通讯控制方式，主要集中在近几年新建的输油管线和大型油库。

采用硬接线点对点控制的电动阀，每个电动阀到站控室机柜间均需要敷设控制电缆，站控 PLC 系统需要配置 DI/DO 模块,才能进行阀门状态的采集和阀门开关控制。采用环网总线通讯控制的电动阀,只需要一根通讯电缆将站场电动阀进行串联(或并联)成环路后,与阀门控制器(安装在站控室机柜间)相连形成环网进行总线通讯,站控 PLC 系统通过与阀门控制器通讯来采集阀门状态和控制阀门开关状态。阀门环网通讯控制器与阀门和 PLC 的连接图见图 3-20。

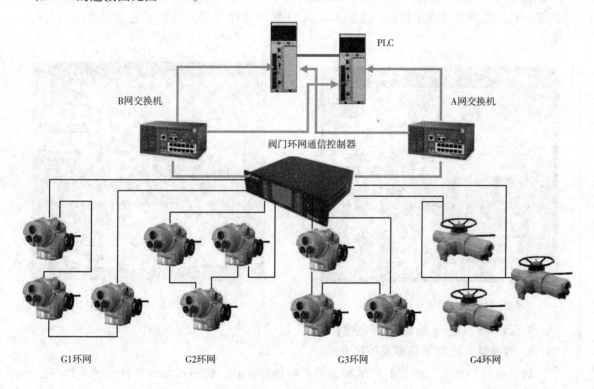

图 3-20 阀门环网通讯控制器与阀门和 PLC 的连接图

相比传统硬接线的点对点控制方式,环网总线通讯控制方式不仅节省了大量的电缆和 PLC 模块费用,其冗余、环网等功能保障了现场阀门控制的可靠性,维护人员通过阀门通讯控制器的可视化面板以及站控工作站上的阀门环网通讯图,可以查看到每个阀门的通讯状态,便于故障维护。阀门总线控制方式现已广泛应用在原油、成品油管道和大型原油库的阀门控制。

2. 操作与控制

电动阀的运行操作有"就地"和"远控"两种操作模式,"就地"状态时,电动阀只能由操作员在现场进行开关操作,"远控"状态时,电动阀由操作员在站控操作站进行远控操作。

(1)开关型阀门操作与控制

SCADA 系统主要采集电动阀的开位、关位、中间位状态、就地/远控状态、阀位信号,执行阀门开、关、停操作控制,电动阀的站控操作通过电动阀操作面板实现。电动阀不管采用硬接线点对点控制还是环网总线通讯控制方式,在站控操作站上的操作面板基本相同。开关型电动阀操作面板见图3-21。

（2）调节型阀门操作与控制

一般对阀位有控制要求的工艺阀门（如泵的出口阀）采用调节型电动阀，可以通过SCADA系统进行阀位设定与控制。对于总线通讯控制的电动阀，所有阀门的阀位信号均可以通过通讯实现采集显示，对于硬接线点对点控制的阀门，如要显示对阀位进行设定和控制，则需要增加阀位变送器、控制电缆、AI模块才能实现。调节型电动阀操作面板见图3-22。

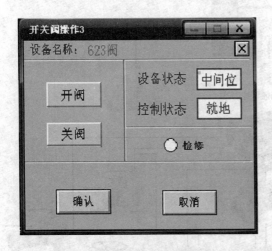

图3-21　开关型电动阀操作面板　　　　　图3-22　调节型电动阀操作面板

（二）输油泵（给油泵）控制

1. 输油泵（给油泵）单泵控制方式

输油泵（给油泵）单泵有就地和远控两种操作位置，通过现场操作柱上的就地/远控切换开关进行操作设置，输油泵只有远控位置才能由SCADA系统进行控制，输油泵（给油泵）主要有单泵启停和单泵逻辑启停两种远控方式。

（1）单泵启停控制

单泵启停控制，是直接控制输油泵（给油泵）电机的启停，不联动控制输油泵（给油泵）进、出口阀门。该控制方式要求输油泵远控/就地开关，切到远控位置。

（2）单泵逻辑启停控制

单泵逻辑启停泵控制，是在启停泵过程中，按照启停泵的工艺操作顺序，由站控系统逻辑控制程序，联动输油泵（给油泵）进、出口阀门，自动完成输油泵（给油泵）及其进、出口阀门控制的启停泵操作。该控制方式要求输油泵及其进出口阀门的远控/就地开关，切到远控位置。

2. 输油泵（给油泵）启停控制逻辑

（1）串联输油泵单泵逻辑启泵

a）检查进口阀是否全开，出口阀是否全关。如果进口阀未全开，则全开进口阀。如果出口阀未全关，则全关出口阀。

b）进口阀全开后，开排空阀，按设定的排空时间延时，一般设 60s，完成排空后，关排空阀。

c）开出口阀至设定开度，一般设 8%～10%。

d）启泵。

e）泵运行后，程序判断泵进出口压差达到额定扬程压力的 80% 或从泵运行开始延时 20s 两个条件任一条件满足，则开泵出口阀至全开位。

（2）串联输油泵单泵逻辑停泵

a）关泵出口阀至设定开度。

b）停泵。

c）泵停运后，全关泵出口阀。

（3）并联泵（给油泵）单泵逻辑启泵

a）检查进、出口阀门状态，如果进、出口阀未全关，则全关进、出口阀。

b）开选定的进口阀至全开位。

c）进口阀全开后，启泵。

d）泵运行后，按设定的泵出口阀开度值开泵出口阀（给油泵出口阀全开）。

（4）并联输油泵（给油泵）单泵逻辑停泵

a）关出口阀至 8% 开始延时。

b）泵出口阀全关或延时 8s 后停泵。

c）停泵后，关进、出口阀至全关位。

3. 输油泵组控制

输油泵组控制主要有顺序启泵和顺序停泵控制功能。顺序启泵是按照泵号从低到高的顺序启动预先选择要启动的输油泵，顺序启泵前需要人工选择待启启动的输油泵，同时要求参与控制的输油泵及其进出口阀门在远控位置。顺序停泵是按泵号从高到低的顺序停运正在运行的输油泵，是一种压力超高或超低的联锁停泵保护，不受输油泵在远控和就地位置的影响，只要联锁保护条件满足，就会停泵，但泵的出口阀必须在远控位置，否则停完泵后出口阀不能自动关。

（1）顺序启泵控制逻辑

a）从所选最低位号泵开始执行单泵启泵逻辑。

b）单泵启泵逻辑完成后，按照泵组启动间隔时间延时，按位号由低到高的顺序，执行下一台泵单泵启泵逻辑。

c）按位号由低到高的顺序，执行下一台泵单泵启泵逻辑。

d）程序判断所选最高位号泵是否已运行，如果未运行则继续执行下一台泵单泵启泵逻辑。

e）所选最高位号泵单泵启泵逻辑完成后，顺序启泵程序结束。

（2）顺序停泵控制逻辑

a）正在运行的最高位号泵执行单泵停泵逻辑。

b）该泵单泵停泵逻辑完成后，延时 1 个停泵间隔时间，一般设置为 10s。

c）按位号由高到低的顺序，继续执行下一台泵单泵停泵逻辑。

d）程序判断所有运行泵是否已全部停运，如果未全停则继续执行下一台泵单泵停泵逻辑。

e）所有运行泵已全部停运，顺序停泵程序结束。

（三）加热炉控制

1. 加热炉控制方式

加热炉运行操作有就地和远控两种操作位置，通过炉前控制柜的就地/远控切换开关进行选择设置，加热炉只有在远控位置才能由 SCADA 系统进行控制。加热炉主要有单炉启停和逻辑启停两种远控方式。

（1）加热炉单炉启停控制

加热炉单炉启停控制，是直接控制加热炉的启停，不联动加热炉进、出口阀门。该控制方式要求加热炉远控/就地开关，切到远控位置。

（2）加热炉逻辑启停控制

加热炉逻辑启停泵控制，是在启停加热炉过程中，按照加热炉启停炉的工艺操作顺序，由站控系统逻辑程序控制，联动加热炉进、出口阀门，自动完成加热炉启停炉操作。该控制方式要求及加热炉其进出口阀门的远控/就地开关，切到远控位置。

2. 加热炉启停控制逻辑

（1）加热炉单炉逻辑点炉

a）检查加热炉进出口阀是否全开，未全开，则全开加热炉进出口阀。

b）发加热炉启炉指令给加热炉控制系统，加热炉控制系统执行点炉程序。

c）加热炉运行后，关热力越站阀，加热炉单炉逻辑点炉结束。

（2）加热炉单炉逻辑停炉

a）发加热炉停炉指令给加热炉控制系统，加热炉控制系统执行停炉程序。

b）加热炉停炉后，判断是否还有其他加热炉运行。

c）若有则关加热炉进出口阀，若没有，则全开热力越站阀后，再关加热炉进出口阀。

d）加热炉进出口阀全关后，加热炉单炉逻辑停炉结束。

（四）泄放罐（污油罐）液位控制

1. 泄放罐（污油罐）液位控制原理

泄放罐（污油罐）液位控制，是根据有泄放罐（污油罐）液位高低来控制转油泵（污油泵）的启停，控制液位不超高和不超低，液位超高时启动转油泵（污油泵），液位超低时停转油泵（污油泵）。

2. 泄放罐（污油罐）液位控制方式

泄放罐（污油罐）液位控制有自动和手动两种控制方式。

手动控制，是由操作工根据液位高低，人工控制转油泵（污油泵）的启停，控制液位不超高和不超低。

自动控制，是由 SCADA 系统，根据程序判断液位是否超高或超低，自动控制转油泵（污油泵）的启停，实现自动控制液位不超高和不超低。

3. 泄放罐（污油罐）液位自动控制联锁逻辑

泄放罐（污油罐）液位超过高液位启泵值，启动转油泵（或污油泵）。

泄放罐（污油罐）液位低于低液位停泵值，停运转油泵（或污油泵）。

第四节　报警与安全联锁保护

SCADA 系统根据输油工艺设备运行安全要求，对工艺运行参数进行报警和安全联锁保护，以提高输油生产安全性。

输油管道工艺设备的报警和安全联锁保护基本配置原则如下：

输油工艺运行参数报警一般设置为两级，一级报警为参数超限高报警或低报警，一级报警时只报警不联锁，目的是提醒操作人员注意参数异常，需要及时进行检查和处理。二级报警为参数超限高高报警或低低报警，二级报警时直接触发相应的联锁保护动作，对输油设备设施进行安全保护。两级之间报警和联锁值的设定一般要考虑留给操作人员必要的响应时间进行报警处置。

SCADA 系统上所有的联锁保护均应设有保护投用/检修开关，正常运行时，联锁保护要求 100% 投用，投用/检修开关置于"投用"位置，系统维护和调试时，投用/检修开关置于"检修"位置，防止维护调试期间，联锁保护误动作，影响生产运行。

一、输油管道压力报警和安全联锁

输油管道压力报警和安全联锁主要是对输油站内管道压力进行超限报警和安全联锁保护，关键压力联锁点主要设置在输油站的进、出站和输油泵入口、出口汇管 4 个位置。输油管道压力安全保护主要采取报警、调节阀自动调节、泄压阀自动泄放、顺序停泵和全跳泵 5 种安全保护方法。

输油站关键压力联锁点的安全保护设置如下：

（1）出站压力实行压力超高报警、调节阀自动调节、泄放和安全联锁停泵保护；

（2）输油泵出口汇管实行压力超高报警和安全联锁停泵保护；

（3）输油泵入口汇管压力实行超低报警、调节阀自动调节和安全联锁停泵保护；

（4）进站压力超高作为水击源报警，实行超高泄压和水击超前保护。

（一）压力超限报警

输油站压力超限报警根据工艺管线和输油设备运行需要设置，站内主要的工艺管线压力高、低报警设置如下：

1. 压力超高报警主要设置参数。

（1）进站压力，进站压力超高一般作为本站干线阀门误关闭的水击源报警。

（2）出站压力。

（3）泵出口压力。

（4）泵出口汇管压力。

2. 压力超低报警主要设置参数。

（1）泵入口汇管压力。

（2）进站压力。

（二）调节阀进出站压力自动调节保护

调节阀进出站压力自动调节保护，是通过出站调节阀来保护进站压力（或泵入口汇管压力）不超低，出站压力不超高。密闭输油管线其输油站出站均安装了出站调节阀，进行进出站压力自动调节保护。

SCADA 系统调节阀画面上设置有进站压力（或泵入口汇管压力）和出站压力的起调值，当进站压力（或泵入口汇管压力）超低或出站压力超高达到起调值时，自动调节出站调节阀开度（关阀门），直到进站压力（或泵入口汇管压力）或出站压力不超高，自动保护进出站压力。

（三）泄压阀泄放保护

泄压阀的压力泄放保护是独立于 SCADA 系统的一种机械式的泄放保护，是密闭输油管道水击保护措施之一，通过在进站或出站端安装泄压阀实现泄压保护，一旦进站或出站端压力超过泄压阀的压力设定值，泄压阀会自动打开，进行压力泄放。

通常在密闭输油管线的输油首站、中间泵站的出站端设置高压泄压阀，在中间泵站、末站的进站端设置低压泄压阀。

（四）顺序停泵保护

顺序停泵保护是对输油管道的程序保护，当以下三个压力任何一个达到顺序停泵值时：

（1）泵入口汇管压力（或进站压力）；

（2）泵出口汇管压力；

（3）出站压力。

沿着液流方向从后往前顺序停一台泵，每台泵停泵之间有一个延时，在停泵过程中，若压力恢复到正常值，则不再继续停下一台泵，顺序停泵结束。

（五）全停泵保护

全停泵保护独立于 SCADA 系统，它是通过压力开关硬接线直接和电机跳闸回路连接，实现输油泵全停的保护，简称压力开关硬保护。一旦压力开关动作，立即触发所有运行的输油泵电机同时跳闸，实现全停泵保护。

输油站主要有以下 3 个压力点设置压力开关全停泵保护：

（1）泵入口汇管压力（或进站压力）；

（2）泵出口汇管压力；

（3）出站压力。

（六）输油管道压力报警和安全联锁值

因设计压力不同，不同的输油管道压力报警和安全联锁值设置也不同，表 3-1 是某管线输油管道压力报警和安全联锁值。

表 3-1 某管线输油管道压力报警和安全联锁值

保护名称			首站	中间站	中间站	中间分输站	末站
管线压力保护	泵入口汇管压力/MPa	调节阀起调值	0.00	0.30	0.30	0.30	—
		低报警值	0.00	0.25	0.25	0.25	—
		顺序跳泵值	−0.02	0.15	0.15	0.15	—
		全跳泵值	−0.04	0.05	0.05	0.05	—
	泵出口汇管压力/MPa	高报警值	5.80	5.00	5.00	5.80	—
		顺序跳泵值	6.10	5.70	5.30	6.10	—
		全跳泵值	6.30	5.90	5.50	6.30	—
	出站压力/MPa	调节阀起调值	4.20	4.20	4.20	5.60	—
		高报警值	4.30	4.30	4.30	5.70	—
		高压泄压阀	4.40	4.40	4.40	5.80	—
		顺序跳泵值	4.60	4.60	4.60	6.00	—
		全跳泵值	4.80	4.80	4.80	6.20	—
	进站压力/MPa	进站泄压阀	—	3.00	1.90	3.30	0.80
		报警	—	3.20	2.10	3.50	1.00

二、输油泵（给油泵）的报警和安全联锁

输油泵机组本体的报警和安全联锁是根据设备生产厂家对其正常运行监控要求设置的，其报警和联锁值由生产厂家提供，不同厂家不同型号的输油泵，报警和联锁值会有不同，但报警和联锁参数基本相同。

（一）泵机组本体温度报警和联锁停泵

长输原油管道目前使用的输油泵（给油泵）泵机组本体主要设置以下温度检测点。

（1）泵端瓦温度。

（2）泵端瓦温度。

（3）泵外壳温度。

（4）泵机械密封温度。

（5）电机端瓦温度。

（6）电机端瓦温度。

（7）电机三相定子温度。

SCADA 系统实时检测泵机组本体配套的上述温度点，对每个温度点进行超高报警，高高报警时联锁停泵。

（二）泵机组本体振动和泄漏超高报警

储运系统使用的输油泵（给油泵）泵机组本体主要设置以下振动和泄漏检测点。

（1）泵端瓦振动（振动开关或振动变送器）。

（2）泵端瓦振动。

（3）电机端瓦振动。

SCADA 系统实时检测泵机组本体配套的上述振动和泄漏检测点，对每个检测点只进行超高报警，不联锁停泵。

（三）泵出口压力报警和联锁停泵

储运系统大部分输油泵，根据输油泵的设计压力，设置了泵出口压力超高报警和高高联锁停泵。

（四）输油泵报警和安全联锁保护值

输油泵报警和安全联锁保护值，由输油泵生产厂家提供，不同厂家不同型号的输油泵，报警和联锁值会有不同，表3-2是某管线输油泵报警和联锁保护值。

表3-2 某管线输油泵报警和联锁保护值

输油泵（进口）	泵壳温度/℃	报警值	60
		停机值	70
	径向轴承温度/℃	报警值	85
		停机值	90
	止推轴承温度/℃	报警值	85
		停机值	90
	机械密封温度/℃	报警值	60
		停机值	70
	机械密封泄漏量（液位开关）	报警值	开关触点
	振动/（mm/s）	报警值	4.5
输油泵出口压力/MPa	B-5/B-6 出口压力	报警值	4.8
		停机值	5.0
	B-7/B-8 出口压力	报警值	8.3
		停机值	8.5
	B-10 出口压力	报警值	10.8
		停机值	11.0

续表

进口输油泵电机	滑动轴承润滑油温度/℃	报警值	97
		停机值	100
	定子温度/℃	报警值	135
		停机值	145
	振动/（mm/s）	报警值	4.5

三、加热炉的报警和安全联锁

　　加热炉本体的报警和安全联锁是根据加热炉生产厂家对其安全运行监控要求设置的，其报警和联锁值由加热炉生产厂家提供，不同厂家不同型号的加热炉，其报警联锁参数和报警联锁值的设置会有所不同。表 3-3 是某管线加热炉报警和联锁保护值。

　　长输原油管道目前运行的加热炉大部分为直接式加热炉，直接式加热炉主要设置以下报警和联锁保护：

　　（1）炉膛温度超高报警和高高联锁停炉；

　　（2）出炉温度超高报警和高高联锁停炉；

　　（3）排烟温度超高报警和高高联锁停炉；

　　（4）入炉流量超低报警和联锁停炉；

　　（5）燃油（气）压力超低和超高报警和联锁停炉；

　　（6）炉膛灭火报警和联锁停炉。

表 3-3　某管线加热炉报警和联锁保护值

加热炉	出炉温度/℃	报警值	70
		停机值	73
	炉膛温度/℃	报警值	800
		停机值	850
	排烟温度/℃	报警值	300
		停机值	350
	燃油压力/MPa	高停机值	2.6
		低停机值	0.6

四、储油罐的报警和安全联锁

　　根据储油罐安全运行要求，主要设置液位高低报警和高低联锁保护。储油罐液位报警是通过安装液位开关和雷达液位计实现，在储油罐的安全极限位置，分别安装设置有高、低液位开关，专门用于液位高高和低低报警，同时在储油罐测量导向管安装设置有雷达液位计，用于液位连续测量，SCADA 系统对高、低液位开关的报警信号和雷达液位计的液位测量信号进行检测，同时对雷达液位计的测量液位设置高、高高、低、低低报警。

（一）储油罐液位超高报警和高高联锁

SCADA 系统检测到储油罐雷达液位计液位达到高报警值时进行高报警，当检测到高液位开关报警、雷达液位计液位高高报警时，联锁关进罐阀。

（二）储油罐液位超低报警和低低联锁

SCADA 系统检测到储油罐雷达液位计液位达到低报警值时进行低报警，当检测到低液位开关报警、雷达液位计液位低低报警时，联锁停给油泵或关出罐阀。

（三）储油罐液位报警和联锁值

储油罐的液位报警和联锁值是依据储油罐设计的安全罐位设置，不同的设计单位，不同的罐容，液位报警和联锁值设置会有所不同。表 3-4 是某油库储油罐液位报警和联锁值。

表 3-4　某油库储油罐液位报警和联锁值　　　　　　　　　　　　　　m

		高液位开关	20.2
储油罐	液位	高高报警值	20.2
		高报警值	19.8
		低报警值	2.3
		低低报警值	2.1
		低液位开关	2.1

五、锅炉的报警和安全联锁

锅炉控制系统一般是随锅炉配套安装，独立于 SCADA 系统运行，根据锅炉安全运行要求，设置报警和联锁保护。

（一）锅炉水位报警和联锁停炉

锅炉控制系统应设置有水位自动调节控制，保持锅炉水位运行在正常安全运行范围内，正常运行水位通常设为最高水位的 45%～60%，当锅炉水位超高或超低时，系统会报警，当锅炉水位低低报警时，锅炉控制系统应联锁停炉。

（二）锅炉蒸汽压力超高报警和联锁停炉

锅炉控制系统应设置锅炉蒸汽压力高报警和高高联锁停炉。

（三）炉膛灭火报警和联锁停炉

锅炉控制系统应设置炉膛灭火报警和联锁停炉。

（四）炉膛和排烟温度超高报警和联锁停炉

锅炉控制系统应设置炉膛和排烟温度高报警和高高联锁停炉。

（五）锅炉的报警和安全联锁值

锅炉的报警和安全联锁值，由锅炉生产厂家提供，表 3-5 是某输油站锅炉的报警的安全联锁值。

表 3-5　某输油站锅炉的报警和安全联锁值

锅炉	蒸汽压力/MPa	高报警值	1.1
		停机值	1.2
	炉膛温度/℃	高报警值	1100
		停机值	1200
	排烟温度/℃	高报警值	180
		停机值	200
	除氧器水位/mm	高报警值	1800
		低报警值	945
		低停机值	390
	锅炉水位/%	高报警	60
		低报警值	45
		低停机值	30

六、换热器的报警和安全联锁

换热器根据安全运行要求，主要设置以下报警和联锁保护：

（一）换热器流量超低保护

换热器加热原油的瞬时流量低于保护流量设定值，延时 20s，同时停运所有运行的换热器。

（二）换热器原油出口温度超高保护

换热器原油出口温度高于 70℃，报警，高于 73℃，延时 20s，停运换热器。

第五节　紧急停车（ESD）功能

紧急停车（Emergency Shutdown Device，简称 ESD），是紧急情况下，由人工通过 ESD 按钮，紧急停运输油设备或紧急停输。ESD 按钮可以是硬按钮，也可以是 SCADA 系统或 SIS 系统（安全仪表系统）上设置的软按钮，SCADA 系统或 SIS 系统所有 ESD 功能均需要人工触发 ESD 按钮，系统弹出确认对话框，人工确认后才执行。

长输原油管道 SCADA 系统主要实现以下 ESD 紧急停车功能：

一、输油泵紧急停泵

输油泵紧急停泵，是在输油泵突发紧急情况时，通过输油泵 ESD 按钮，紧急停泵。

输油泵紧急停泵控制逻辑如下：

（1）紧停输油泵；

（2）全关输油泵进出口阀。

二、输油泵组紧急停车

输油泵组紧急停车，是在输油站突发紧急情况时，通过输油泵组 ESD 按钮，紧急停运正在运行的所有输油泵。

输油泵组紧急停车控制逻辑如下：

（1）所有正在运行的输油泵，同时紧急停泵；

（2）输油泵全部紧停完成，输油泵组紧急停车结束。

三、加热炉紧急停炉

加热炉紧急停炉，是在加热炉突发紧急情况时，通过加热炉 ESD 按钮，紧急停炉。

加热炉紧急停炉控制逻辑如下：

（1）紧急停加热炉；

（2）全关进出炉阀门；

（3）全开加热炉紧急排空阀。

四、加热炉组紧急停车

加热炉组紧急停车，是在输油站突发紧急情况时，通过加热炉组 ESD 按钮，紧急停正在运行的所有加热炉。

加热炉组紧急停车控制逻辑如下：

（1）所有正在运行的所有加热炉，同时执行紧急停炉；

（2）打开热力越站阀；

（3）全关所有加热炉进出炉阀；

（4）打开所有加热炉紧急排空阀。

五、全站紧急停车

全站紧急停车，是在输油站突发紧急情况时，通过全站 ESD 按钮，紧急停正在运行的所有输油泵、加热炉（或换热器）。

全站紧急停车控制逻辑如下：

（1）执行加热炉组 ESD（或换热器 ESD）；

（2）执行输油泵组 ESD。

六、全线紧急停车

全线紧急停车，是在输油管线突发紧急情况时，通过全线 ESD 按钮，紧急停运全线各站正在运行的所有输油泵、加热炉或换热器，根据情况确定是否需要关断进出站阀或远控截断阀。管线的全线紧急停车逻辑根据实际的管线工艺运行要求制定。

第六节　水击超前保护

一、概述

管道采取密闭输送方式输油时，在正常情况下输油管道中的原油为稳定流动，一旦出现某泵站突然停泵、某站进出站阀门或线路截断阀门突然关闭等工况，会引起管输流量的突变而造成原油的瞬变流动，即水击，可能导致管道超压。为保证管道安全，应在对非正常情况下的瞬变流动进行分析的基础上，采取水击超前保护控制。

二、水击源及其危害

产生管道水击的工况或操作称为水击源。典型的水击源主要有：

1. 线路截断阀关阀

线路截断阀门发生突然关闭后，阀前压力急剧上升，阀后压力急剧降低。水击波在管道内来回传递，造成截断阀上游管道内压力上升。

线路截断阀上游泵站如不停泵可能造成出站压力超高；下游泵站如不停泵会造成管道被抽空，出现过低压力和管道不满流现象，导致液体汽化造成输油泵汽蚀。

2. 输油泵站停泵

（1）首站停泵

首站停泵时，首站出站压力降低，出站流量减少，下游泵站如不停泵会造成管道被抽空，出现过低压力和管道不满流现象，导致液体汽化造成输油泵汽蚀。

（2）中间站停泵

中间站发生停泵时，本站进站压力升高，出站压力降低，上站出站压力超高，全线输量降低。

3. 进、出站阀关闭

（1）首站出站阀关闭

首站出站阀突然关闭后，出站阀阀前压力急剧上升，出站压力和流量急剧下降，水击波向下游传递，下游进站压力也随之下降。下游泵站如不停泵会造成管道被抽空，出现过低压力和管道不满流现象，导致液体汽化造成输油泵汽蚀。

（2）中间站进、出站阀关闭

站场进、出站阀突然关闭后，进站压力急剧上升，水击波向上游传递，上游出站压力也随之上升；出站压力急剧下降，水击波向下游传递，下游进站压力也随之下降。

（3）末站进站阀关闭工况

末站进站阀突然关闭后，进站压力急剧上升，水击波向上游传递，上游出站压力也随之上升。

三、水击超前保护的控制方式

当管道在运行中出现水击源时，应采取相应的水击保护措施，而水击超前保护是最快速有效的水击保护措施。水击超前保护是在管道产生水击时，由控制系统迅速向上、下游输油泵站发出指令，上、下游输油泵站立即执行相应保护动作，产生一个与传来的水击压力波相反的扰动，当两个压力波相遇后，抵消部分水击压力波，以减轻对管道和输油设备的危害。

在管线设计阶段，设计单位应通过管线水力模拟仿真提供该管线的水击超前保护策略，用于编制水击超前保护控制程序。

水击超前保护是建立在管道自动化控制基础上的一项重要的自动保护措施。当水击超前保护触发后，SCADA 系统或安全仪表系统执行水击超前保护程序，迅速向管线各站发出水击控制信号，各站执行停泵等相应的水击保护程序。

长输原油管线水击超前保护，目前主要有以下三种控制方式：

（1）调控中心 SCADA 系统集中控制的方式，通过调控中心 SCADA 系统实时监控全线的水击源，在出现水击源时由调控中心 SCADA 系统判断，并向各站的站控 PLC 下发水击超前保护指令，由各站的站控 PLC 执行相应的水击超前保护逻辑。

（2）老管线首站设置单独的水击超前保护 PLC 方式，通过该 PLC 实时监控全线的水击源，在出现水击源时由该 PLC 判断并向各站的站控 PLC 下发水击超前保护指令，由各站的站控 PLC 执行相应的水击超前保护逻辑。

（3）独立安全仪表 PLC 方式，将管线首站或核心枢纽站的安全仪表 PLC 兼作水击超前保护的控制主站，通过该 PLC 实时监控全线的水击源，在出现水击源时由该 PLC 判断并向各站的安全仪表 PLC 下发水击超前保护指令，由各站的安全仪表 PLC 执行相应的水击超前保护逻辑。

四、典型的水击超前保护策略

某管线总长度 378km，管道设计压力 8.5MPa，设计输量 $2000 \times 10^4 t/a$。管线采用常温密闭顺序输送工艺，管输油品为进口原油。全线设 5 座输油站场、5 座远控截断阀室。管线采用 SCADA 控制系统、通过调度控制中心进行全线监控。在沿线各站均采用 PLC 来完成对本站的数据采集和控制，可独立监控该站运行，并为调控中心提供数据、接受调控中心指令。

该管线的水击超前保护策略如下：

1. 水击源：干线阀门误关闭

（1）水击源判断

a）首站出站阀、中间泵站进站或出站阀、远控阀室截断阀、末站进站阀正在关闭。

b）远控阀室截断阀的前后压差大于 0.2MPa。

c）中间泵站进站压力持续 2s 大于 6.0MPa。

d）末站进站压力持续 2s 大于 1.2MPa。

（2）水击危害

a）线路截断阀门发生突然关闭后，阀前压力急剧上升，阀后压力急剧降低。水击波在管道内来回传递，造成截断阀上游管道内压力上升。线路截断阀上游泵站如不停泵可能造成出站压力超高；下游泵站如不停泵会造成管道被抽空，出现过低压力和管道不满流现象，导致液体汽化造成输油泵汽蚀。

b）站场进、出站阀突然关闭后，进站压力急剧上升，水击波向上游传递，上游出站压力也随之上升；出站压力急剧下降，水击波向下游传递，下游进站压力也随之下降。

c）末站进站阀突然关闭后，进站压力急剧上升，水击波向上游传递，上游出站压力也随之上升。

（3）水击超前保护策略

首站和中间泵站的运行输油泵全部紧急停运。

2. 水击源：首站输油泵非正常全部停运

（1）水击源判断

首站输油泵非正常全部停运。

（2）水击危害

首站输油泵全停时，首站出站压力降低，出站流量减少，下游泵站如不停泵会造成管道被抽空，出现过低压力和管道不满流现象，导致液体汽化造成输油泵汽蚀。

（3）水击超前保护策略

中间泵站运行输油泵全部紧急停运。

五、水击超前保护投用与摘除

（一）管理要求

管线水击超前保护投用前，必须进行全面的功能测试。管线水击超前保护一旦正式投用，在管线正常运行期间不应摘除。如因工艺运行需要或其他原因长期摘除，应按照工艺变更进行管理，应按照管理程序履行相应审批手续。实施摘除水击超前保护的作业前，还应办理联锁作业票。

为防止水击超前保护误动作，当出现下列情况时，应临时摘除该站的水击源软开关：

（1）仪表、SCADA 系统或安全仪表系统维护作业需要临时摘除，包括：

①进站压力变送器及其 PLC 通道的校验或维修；

②参与水击源判断的进出站阀门及其 PLC 通道的维修或测试；

③远控阀室压力变送器及其 RTU 通道的校验或维修；

④参与水击源判断的远控阀室阀门及其 RTU 通道的维修或测试；

⑤站场 PLC、远控阀室 RTU 程序下载或重启；

⑥站场 ESD 按钮及其 PLC 通道的校验或维修。

（2）特殊运行工况或输油工艺需要临时摘除。

上述临时摘除水击超前保护的作业，应按照联锁保护临时摘除的审批管理程序办理相关工作票，经调控中心同意后执行，实施作业前，还应办理联锁作业票。

管线水击超前保护的投用/摘除开关通常设置在调控中心，也可将投用/摘除开关设置在管线首站或枢纽站。

（二）典型案例

1. 事件经过

某输油处抢维修队进行某站场 SCADA 系统维护期间，在对该站进站压力变送器打压测试时，触发全线水击超前保护联锁动作，造成管线压力波动。

2. 原因分析

在对该站进站压力变送器及通道测试时，操作人员未考虑到该参数的变化会导致管线的水击保护联锁动作，虽然作业内容解除了本站站内的相关联锁保护，但是未向上级调度申请、临时摘除该站的管线水击源软开关，从而导致全线压力出现波动。

3. 经验教训

事件反映出维护人员和站队人员对该管线的水击超前保护功能不了解，对水击超前保护功能投用/摘除的管理要求不清楚，因此没有意识到 SCADA 系统维护可能导致水击超前保护动作的风险。

第七节　SCADA 系统运行与维护

一、运行管理

（一）SCADA 系统管理

1. 系统设备管理

（1）操作站运行期间应安装杀毒软件，禁用光驱、USB 接口，报警声音开启，操作员不应使用操作站进行与生产无关的其他操作。

（2）服务器、操作站、PLC 等设备应安装时钟同步软件，显示时间通过时钟服务器同步。

（3）出入 SCADA 系统机房应进行登记。机房温度湿度应符合要求，应有防小动物措施，并配备消防设施。

2. 权限管理

（1）按操作和管理要求，SCADA 系统的用户权限一般分为：浏览、操作员、班长、维护管理员。

（2）用户应使用自己的账户登录，执行授权范围内的操作内容，操作完成后应退出登录。严禁擅自使用他人账户登陆 SCADA 系统。

3. 联锁保护管理

（1）所有联锁保护功能原则上应 100% 投用，不得擅自摘除。

（2）新管线投运前、设备检修后投运前、联锁修改后投用前，必须对联锁保护功能进行联校测试。

（3）每年应在管线停输或设备停运时对仪表联锁保护功能进行一次联校试验，确保其完好、可靠。

（4）联锁变更（指联锁保护投用后的修改、取消或长期摘除）应从严管理、严格审批，执行《变更管理办法》。

（5）联锁作业（指执行联锁保护的临时摘除、恢复、变更等操作）应按规定办理工作票，并在监护下操作，运行人员应密切注意与联锁有关的设备状态或工艺参数。

4. 调试工作票管理

所有运行管线的涉及流程操作、设备启停、联锁保护摘除的 SCADA 系统维护调试，应执行《SCADA 系统维护调试工作票》进行申请和审批。如果维护调试内容较为复杂，还应单独编制维护调试方案，与工作票一并上报审批。

5. 备品备件管理

根据运行实际需要，保持必要的备品备件种类和数量。备品备件应有专人负责管理，进出库要有登记和使用记录，存储的环境必须符合存放要求。

（二）巡检关键点

1. 操作站

巡检关键点如下：

（1）联锁保护正常投用，流程图、运行参数、趋势曲线显示正常，事件记录、报警功能正常；

（2）对出现的报警信息认真分析、及时处置，主动询问和解决运行人员发现的问题；

（3）站控、中心管线泄漏监测工作站数据通信正常。

2. 站控 PLC 机房

巡检关键点如下：

（1）机柜内 220V 供电电源、静态切换开关、24V 直流电源均工作正常；

（2）机柜内 PLC 热备运行；PLC、RTU 及其 I/O 模块无故障指示；

（3）机柜内的生产网交换机、第三方通讯设备的通讯接口指示灯正常；

（4）机柜内端子排接线无松动；机柜内接地线牢固；

（5）机柜内风扇、照明工作正常，温湿度符合要求，无异味；

（6）机房内防静电、防鼠设施符合要求。

3. 中心服务器机房

巡检关键点如下：

（1）机柜内 220V 供电电源工作正常；

（2）机柜内的生产网交换机的通讯接口指示灯正常；

（3）机柜内的服务器运行状态指示灯正常，通讯接口指示灯正常，无报警；

（4）机柜内接地线牢固；

（5）机柜内风扇、照明工作正常，温湿度符合要求，无异味；

（6）机房内防静电、防鼠设施符合要求。

二、维护管理

（一）一般要求

（1）SCADA 系统应每年进行一次全面维护。维护内容、作业流程和安全要求，执行《SCADA 系统运行维护技术手册》（Q/SHGD1001）。针对每条管线的维护，维护单位应分别编制详细、规范的中控系统维护方案和站控系统维护方案。

（2）SCADA 系统在线维护调试，严格执行《SCADA 系统维护调试工作票》《仪表设备现场作业票》《仪表联锁工作票》，维护作业前要认真开展 JSA 分析。

（3）维护过程应严格按照维护方案和维护作业指导书的要求进行，应严格执行工作票制度和相关的检测、校准规程。维护过程中，所有运行管线的流程切换、工艺阀门、输油设备操作等作业，全部由调度人员操作，严禁维护人员擅自操作。

（4）维护作业完成后，应及时对每个站点、每条管线的维护情况进行总结，并及时完成相关维护资料的交接、归档和上报。

（5）SCADA 系统运行出现异常或故障时，技术人员应按抢维修流程及时处理或上报，并做好《仪表设备故障及检修记录》。

（6）SCADA 系统软件和程序必须有双备份，并异地妥善保管，备份文件应注明名称、修改日期、修改人。

（二）维护内容

1. 站控系统维护内容

（1）PLC 通道测试；

（2）报警和联锁测试；

（3）泵、阀门、加热炉等设备控制功能测试；

（4）与第三方通信检查和测试，包括阀门控制器、流量计、变电所控制系统、液位计系统等；

（5）工作站维护；

（6）接地系统测试；

（7）系统冗余功能测试。

2. 中控系统维护内容

中控系统维护与站控同步进行，主要内容如下：

（1）服务器维护；

（2）工作站维护；

（3）功能测试；

（4）通讯线路切换测试；

（5）系统时间同步检查。

注：具体维护要求执行《SCADA 系统运行维护技术手册》。

（三）维护关键点

（1）维护以不影响生产运行和安全为原则，维护作业前，应认真组织开展作业安全风险分析（JSA），对仪表作业风险，应认真分析，逐项制订合理的安全措施。

（2）维护前应按照工作票和工艺运行要求，检查确认作业条件是否具备、安全防范措施是否落实、现场监护是否到位、参与控制和联锁的设备是否处于待测状态。

（3）维护作业过程中应安排专业人员对现场进行监护和协调。

（4）涉及联锁保护的 PLC 通道测试可结合联锁测试一并进行，如果联锁测试不合格应通过 PLC 通道测试进行排查。

（5）工作站维护完成后，应认真检查工作站的报警、报表、趋势图显示、数据归档等功能恢复正常，并及时恢复 USB 端口、光驱的禁用状态。

（6）仪表校准和 PLC 通道测试后，应认真检查确认端子接线紧固、线序标识正确、现场接线箱密封良好。

（7）中控系统控制功能测试前，应确认站控系统相关的测试正常。

三、常见故障及处理

（一）站控 SCADA 系统常见故障与处理

站控 SCADA 系统常见故障与处理见表 3-6。

表 3-6　站控 SCADA 系统常见故障与处理

序号	故障现象	故障原因	处理方法
1	通讯中断	1. 网关、PLC 通讯故障	1）PING 网关及 PLC 的 IP 地址是否正常，检查网络是否被占用，若故障，检查相关设备及连接线路，若被占用，将占用地址设备 IP 进行修改； 2）若通讯故障，检查站控工作站网络接口是否故障，进行更换； 3）若通讯故障，检查以太网交换机及网线是否故障，更换以太网交换机连接的接口或设备，或更换新网线
		2. PLC 系统设备故障	1）检查站控 PLC 系统主备 CPU 是否存在故障灯或故障显示报警，如果仅是主 CPU 故障，可将其停用，让备用作为主进行运行，更换 CPU 设备并下载程序；如果主备 CPU 均故障，则将所有设备切换到就地，办理现场作业票，更换 CPU 设备并下载程序； 2）检查站控 PLC 系统以太网模块否故障报警，下位软件连接 PLC 系统程序，查看以太网模块否故障，进行热插拔或更换备件； 3）检查站控 PLC 系统 CPU 主备机架是否故障，可按处理 CPU 故障方法进行处理； 4）检查站控 PLC 系统主备机架的电源模块是否故障，若故障进行备件更换

续表

序号	故障现象	故障原因	处理方法
2	站控整体类型数据不刷新	1. 站控 PLC 系统模块故障	1）检查站控 PLC 系统 I/O 模块是否故障报警，若故障处理前先办理现场作业票和联锁保护操作票，并做好运行设备保护措施，更换备件； 2）远程机架电源模块是否故障报警，若故障更换备件； 3）远程机架底板是否故障报警，若故障更换备件
		2. PLC 系统通讯控制网络故障	1）检查站控 PLC 系统通讯控制网络设备是否故障，若故障进行备件更换； 2）检查接线是否正常，若故障，对通讯线进行重新制作接口和安装； 3）检查远程机架通讯模块是否故障报警，若故障更换备件
		3. 通讯故障	1）通讯中断则按 1 类进行处理； 2）检查站控 PLC 系统与第三方通讯是否正常，若故障，连接查看程序读取数据是否正常，并进行修改； 3）第三方通讯设备及连接线路是否故障，若故障，更换备件
		4. 软件及系统故障	1）检查工作站及站控系统运行是否正常，若故障，重新安装系统，若有硬件损坏，则进行更换； 2）检查 I/O 通讯服务软件是否启动或运行是否正常，重新启动 I/O 通讯服务软件
3	个别参数显示异常	1. 站控 PLC 系统 I/O 模块通道故障	1）查看图纸，此 I/O 模块通道是否需要 24V 电源供电，检查保险及线路供电是否正常，更换保险，或更换线路； 2）检查站控 PLC 系统 I/O 模块通道是否故障报警，用信号发生器给定信号，查看数据显示是否正常，若故障，更换备用通道或更换新模块
		2. 程序数据链接错误	首先连接 PLC 系统程序，用信号发生器给定信号，查看上下位程序数据链接是否正确，若不正确，进行修改
		3. 通道浪涌故障或现场设备故障	1）检查站控 PLC 系统 I/O 模块通道及软件链接是否正常，用信号发生器越过浪涌给出信号，查看数据显示是否正常，判断浪涌是否故障，若故障，更换新浪涌模块； 2）用信号发生器从现场仪表设备电缆给定信号，查看数据显示是否正常，若故障，则判断为现场仪表设备损坏，进行维修或更换
4	站控工作站故障	1. 系统和软件故障	检查工作站系统是否故障，若故障，进行软件重装或系统重新安装
		2. 硬件故障	检查工作站硬件是否故障，若故障，进行维修，同时用备用工作站进行替换，保证生产运行

（二）中控 SCADA 系统常见故障与处理

中控 SCADA 系统常见故障与处理见表 3-7。

表 3-7　中控 SCADA 系统常见故障与处理

序号	故障现象	故障原因	处理方法
1	通讯中断	1）通讯回路故障； 2）通讯设备故障	1）检查通讯网关是否能 Ping 通，若不通，可能为网关问题（联系信息中心进行处理），也可能为现场设备断电所致； 2）检查站控 RTU 通讯是否正常，联系站方技术人员查看 RTU 有无故障灯报错，若为设备故障，一般采取重启操作； 3）检查站控机与 PLC 通讯是否正常，若不正常，处理方法按表 3-6 的第 1 部分站控通讯故障方法处理
2	数据不刷新	1）服务器故障； 2）工作站连接数据库错误； 3）网络通讯故障； 4）工作站故障； 5）RTU 故障； 6）站控 PLC 故障	1）连接系统服务器，进行故障信息收集与判断，若为可消除信息则进行服务器硬重启操作，若为硬件故障，则进行相应备件更换； 2）查看工作站与数据库连接是否为"online"，若为"offline"，则手动进行数据库选择连接，或者重启工作站查看故障是否消除，最终处理方法为进行数据库的重新下装； 3）故障现象 3、4、5 参照表 3-6 的第 1 部分，故障现象 6 参照站控故障处理方式
3	参数显示异常	1）软件数据连接错误； 2）现场设备损坏	1）询问站方，查看此参数在站控 SCADA 系统显示是否正常常，若正常，用 RTU 专用软件打开对应 RTU 设备查看数据是否刷新，若正常，查看数据链接的标记名，若不正确，则进行修改； 2）联系站控人员查看此参数显示是否正常，若现场设备损坏，提醒站方及时进行处理
4	服务器故障	1）系统和软件故障； 2）硬件故障	1）查看服务器指示灯状态并进行故障信息收集，若是系统或软件故障，可联系相应厂家协助处理； 2）若是硬件故障，进行备件更换即可
5	调度工作站故障	1）系统和软件故障； 2）硬件故障； 3）画面死机；	1）查看服务器指示灯状态并进行故障信息收集，若是系统或软件故障，可联系相应厂家协助处理； 2）若是硬件故障，进行备件更换即可； 3）部分工作站出现画面卡顿、数据显示不全的情况，进行退出系统并重新登录操作，若严重死机，需要进行远程工作站重启操作

四、故障案例

案例 1：中心调度工作站显示某站数据不刷新

1. 故障现象

调控中心某站数据不刷新。

2. 故障排查

（1）检查中心与 RTU 设备、站控 PLC 系统通讯是否正常。

（2）判断 RTU 设备与站控 PLC 系统网络连接是否正常。

3. 故障处理及原因分析

（1）Ping 站控网关 IP 地址正常，Ping RTU 的 IP 地址不通，判断中心与 RTU 设备通讯不正常，联系站控调度人员确认调度操作员站数据刷新正常。判断通讯中断的原因为

RTU 设备故障或 RTU 设备到站控交换机的线路故障。

（2）技术人员对 RTU 设备及 RTU 设备到站控交换机的线路进行检查时，判断连接网线损坏是故障产生的原因，更换网线后恢复正常。

4. 注意事项及经验教训

处理此类故障问题前，站方务必办理现场作业票，联系中心调度将控制权限切换到站控，现场切勿擅自操作。处理完成后，恢复原有状态。

案例 2：CPU 故障，导致通讯故障

1. 故障现象

某站站控 SCADA 系统正常运行时，计量区通讯参数突然丢失，阀门控制器通讯中断，站控数据逐渐停止变化，不再刷新。

2. 故障排查

判断 RTU 设备或站控 PLC 系统设备是否故障。由于站控 SCADA 系统是大范围数据中断，因此直接判断 CPU 运行故障。

3. 故障处理及原因分析

（1）观察主 CPU 显示屏正常，进行主备冗余切换后各项参数恢复正常，但主 CPU 仍显示"HALT"（挂起），热启动（主备 CPU 同时上电）后显示正常，再次冷启动（主备 CPU 分别单独上电）仍出现该问题。

（2）连接 CPU 程序，发现停用的加热炉区和计量区机柜虽然断电，但在主程序中仍在不断扫描，扫描时间过长，长期通讯不上，造成 CPU 负担过重。同时，该站改造工程新增加了 5 组通讯信号，更加重了 CPU 程序阻塞。

（3）对软件程序进行修改：将加热炉和计量区的数据通讯屏蔽，延长 CPU 等待超时时间，同时将通讯设备作为主站、CPU 作为从站实现数据通讯，问题进行解决。

4. 注意事项

处理此类故障问题前务必办理调试工作票、现场作业票，将所有运行设备其切换到就地操作，及将联锁保护拆除，现场切勿擅自操作，应确保安全措施到位后再进行处理。处理完成后，恢复原有操作。需要注意的是：许多站库存在新设备的投用或者在原来系统基础上的扩容，站方切记及时提醒将不再使用的设备的相应的程序进行修改。

案例 3：变电所参数显示异常

1. 故障现象

某站变电所参数全部显示为零。

2. 故障排查

（1）检查变电所参数显示是否正常。

（2）检查 PLC 通讯读取是否有故障。

（3）检查 MB + 通讯电缆是否故障。

（4）检查协议转换器是否有故障。

3. 故障处理及原因分析

（1）用串口连接变电所出来的参数显示正常，判断变电所出来的协议转换器正常。

（2）连接 PLC 程序发现 CPU 能正常读取变电所数据，判断 PLC 通讯读取功能正常。

（3）更换新的 MB + 通讯电缆故障未消除，因此判断通讯电缆正常。

（4）连接 Prolinx 协议转换器并读取程序，发现数据无法正常读取，确定 Prolinx 协议转换器通讯口损坏是发生故障的原因，更换新的通讯口后，数据恢复正常。

4. 注意事项

处理此类故障问题前务必办理现场作业票，联系调度工作人员密切注意现场数据变化，应确保安全措施到位后再进行处理。

案例 4：阀门信号故障，引起甩泵事件

1. 故障现象

某商储库突然频繁出现给油泵异常停泵情况。停泵后能再启泵，但是一段时间后还会再次异常停泵，查阅历史报警和事件记录，发现该泵进出口阀门曾出现全关假信号。

2. 故障排查

（1）判断 ROTORK 阀门控制器硬件及程序是否正常。

（2）判断 ROTORK 阀门控制器与 PLC 通讯的 PROLINX 模块硬件及程序是否正常。

（3）判断 PLC 程序代码是否正常。

3. 故障处理及原因分析

（1）对阀门控制器进行检查，发现硬件设备及程序运行均正常。

（2）对实现阀门控制器与 PLC 通讯的 PROLINX 模块硬件及程序进行检查，发现 Prolinx 程序中存在 73 条错误信息，初步怀疑数据出现堵塞现象。

（3）对阀门控制器和 Prolinx 模块进行重启操作，错误信息消除，并进行了 24h 观察，错误信号并未再出现（注：处理前，该错误信号出现频率为 24h 2 ~ 3 次）。

（4）对软件程序进行修改：将给油泵进出口阀门全关信号立即停泵逻辑增加了 3s 的延时判断。通过多次"模拟启泵 – 关进出口阀"试验，能达到预期效果。故障发生原因为程序"阻塞"，通过程序优化得到解决。

4. 注意事项

处理此类故障问题前务必办理调试工作票及现场作业票，将流程上的设备切换到就地操作，应确保安全措施到位后再进行处理，处理完成后，恢复原有状态。

案例 5：ABB AC800F 系统站控通讯故障

1. 故障现象

某站 ABBAC800F 系统在运行中，站控机数据不刷新、设备状态丢失并发生异常停泵事故，查看 PLC 机柜间无任何故障灯提示。

2. 故障排查

（1）检查 PLC 程序中设备状态是否正常。

（2）检查总线通讯模块 CI840（A）是否正常。

（3）检查远程机架底座 TU847 是否正常。

3. 故障处理及原因分析

（1）用 Control Builder F 编程软件加载 PLC 程序后使用联机调试模式，点击硬件结构展开每台控制器结构至 PROF_ M_ DEV 层，查看右侧结构树，发现显示为红色叹号、从设备不存在的远程站，判断该远程站总线通讯已中断。

（2）将有红色叹号的远程机架切断 24V 供电，拔掉 A/B 网的紫色电缆。将 2 块总线通讯模块 CI840（A）模块进行拔插、更换新模块操作后，故障仍存在。

（3）将 TU847 底座沿导轨向上滑动，脱离下方与其连接的 IO 模块后，对其拆除，并更换新的 TU847 底座，将拨码按照原有底座的拨码调整，更换新的 CI840（A）模块，数据恢复正常。故障发生的原因是总线通讯模块 CI840（A）损坏。

4. 注意事项

处理此类故障问题前务必办理调试工作票和现场作业票，将流程上设备切换到就地操作，应确保安全措施到位后再进行处理。注意：处理完成后，恢复原有状态。

案例 6：出站压力信号异常超高，调节阀关闭，触发水击，导致上游泵站停泵

1. 故障现象

某站出站压力突然超高，导致调节阀关闭，并触发水击，导致上站停泵。

2. 故障排查

（1）判断现场电缆及 PLC 通道回路是否正常。

（2）判断压力变送器是否故障。

3. 故障处理及原因分析

（1）维修人员从现场电缆接头用标准信号发生器给出 AI（模拟量输入 4～20mA）信号，站控机示值与给出信号差在误差范围内，说明 PLC 通道回路正常。

（2）长时间测试回路电流发现电流信号不稳定，因此在运行过程中，会突然有压力超高的峰值出现，确认压力变送器故障是导致事件发生的原因。更换压力变送器后恢复正常。

4. 注意事项

处理此类故障问题前务必办理调试工作票及现场作业票，将相关联锁保护拆除及将流程上设备切换到就地操作，应确保安全措施到位后再进行处理，处理完成后，恢复原有状态。

建议站方人员加强对站场关键部位仪表的巡检力度。

案例 7：某站站控数据不刷新

1. 故障现象

某站运行时，发现网络通讯显示正常连接，但是数据不刷新，查看 PLC 机柜间无任何异常报警。

2. 故障排查

（1）排查 CPU 是否故障。

（2）排查以太网 NOE 模块是否故障。

3. 故障处理及原因分析

（1）现场用串口连接 CPU 程序，读取实时数据，发现数据刷新及程序运行正常，CPU 工作正常，排除 CPU 故障。

（2）Ping 以太网 IP 地址显示通讯良好。但是用以太网连接 CPU 程序时，显示以太网通讯故障，对以太网 NOE 模块进行带电拔插操作仍是如此，由此判断以太网模块虽没有报警，但确实已经损坏，这是导致故障发生的原因。

（3）重新更换以太网模块后，程序连接正常，且站控机数据刷新。

4. 注意事项

处理此类故障问题前务必办理调试工作票及现场作业票，更换以太网 NOE 模块时，首先将模块所在的 CPU 机架作为备用机架运行，应确保安全措施到位后再进行处理。

思考题

1. 你所在的单位输油管道 SCADA 系统由哪几部分组成？画出其 SCADA 系统的硬件配置图。

2. 你所在的单位输油管道 SCADA 系统主要实现哪些功能？其中分别主要有哪些调节控制功能和逻辑控制功能？

3. 密闭输油管道 SCADA 系统主要设置哪些报警和安全联锁功能？你所在的单位输油管道 SCADA 系统主要实现哪些报警和安全联锁功能？

4. 简述密闭输油管线输油站的输油管道压力报警和安全联锁保护主要有哪些。是如何进行安全联锁保护的？

5. 输油站的工艺阀门主要有哪几种控制方式？简述其控制特点。

6. 简述输油泵的不同控制方式及输油泵（串联泵和并联泵）不同的启、停泵控制逻辑。

7. 简述密闭输油管线进出站压力自动保护的控制原理及其几种不同的调节方式。

8. 简述原油混输配比的控制原理及其几种不同的调节方式。

9. 简述 SCADA 系统输油站紧急停车功能。

10. 什么是管线水击超前保护？水击超前保护是如何通过控制系统实现的？

11. 管线发生水击的水击源主要有哪些？分别采取什么水击超前保护策略？

12. 简述 SCADA 系统运行维护的关键点及巡检注意事项。

13. SCADA 系统出现参数显示不正常时，应如何排查并需要采取哪些应急措施？

第四章　加热炉控制系统

第一节　概述

加热炉是储运系统广泛使用的加热设备，也是主要的耗能设备。输油生产持续不可间断的工艺特点和严苛的现场环境，要求加热炉的控制系统具备高度的可靠性和灵活的调节功能。

按照加热方式的不同，储运系统应用的加热炉主要包括直接式加热炉和间接式加热炉。常用的间接式加热炉有热媒炉、相变炉等；根据燃料介质的不同，主要分为燃油加热炉、燃气加热炉和油气两用加热炉。由于燃气加热炉具有环保性好、辅助设备少、操作简单、维护方便等优点，因此燃气或油气两用燃烧器正逐步替代燃油加热炉。

加热炉控制系统是加热炉安全高效运行的重要保障。加热炉控制系统的主要功能包括：现场参数的实时采集与监视、加热炉及其附属设备的远程控制与参数调节、出炉温度的自动调节、参数超限报警及联锁保护等。本章主要以直接式加热炉为例介绍加热炉控制系统。

第二节　加热炉控制系统的组成与硬件配置

一、系统组成

直接式加热炉控制系统一般由两部分组成。一部分是加热炉 PLC 控制系统（见图 4-1（c）），主要实现加热炉远程控制、参数显示、超限报警联锁等功能；另一部分是炉前柜控制系统 [也称炉前控制柜，见图 4-1（b）]，主要实现加热炉燃烧器的控制功能，包括负荷调节与优化燃烧、炉本体设备控制等。

二、主要仪表配置

直接式加热炉控制系统采集的工艺参数主要包括进出炉压力、进出炉温度、炉膛温度、烟道温度、炉膛负压、燃气（油）压力、燃气（油）流量等；调节参数主要包括烟道挡板开度调节、出炉温度调节；控制信号主要包括远程启炉、停炉、紧急停炉等。

直接式加热炉控制系统中包含的主要仪表包括压力仪表、温度仪表、流量仪表、电动执行机构等，其中压力仪表包括一般压力表（弹簧管式隔膜压力表）、压力变送器、微差压变送器（用于炉膛负压的测量）；温度仪表包括双金属温度计、Pt100 铂电阻、一体化 K 型热

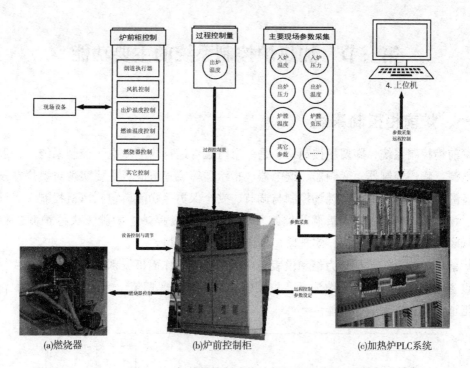

图4-1 加热炉控制系统功能组成示意图

电偶温度变送器（用于炉膛温度的测量）；流量仪表包括椭圆齿轮流量计（用于燃油流量的测量）或涡街流量计（用于燃气流量的测量）；电动执行机构主要应用的是电动角行程执行机构（0～90°），用于控制烟道挡板的开关。图4-2是加热炉控制系统主要仪表配置图。

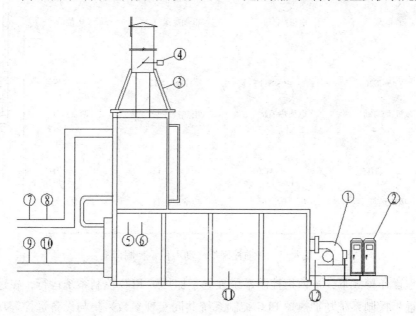

图4-2 加热炉控制系统主要仪表配置图

1—燃烧器；2—炉前控制柜；3—烟道温度；4—烟道挡板执行器；5—炉膛温度；6—炉膛负压；7—进炉压力；8—进炉温度；9—出炉温度；10—出炉压力；11—齿轮流量计（燃油）；12—涡街流量计（燃气）

第三节　加热炉控制系统的主要功能

一、炉前柜控制系统

炉前柜控制系统，即现场控制站，是一个可独立运行的手动电气控制系统。一般由机柜、电源、程序控制器、变频器、继电器、指示器等装置组成。主要实现对燃烧器及其附属设备的状态与参数显示、现场控制与调节、安全保护等功能，包括风机控制、燃油温度调节、燃油泵控制、烟道挡板调节控制、燃气泄漏报警停炉、炉膛灭火停炉并进行吹扫等。同时设置紧急停炉按钮，实现紧急情况下的迅速停机。

炉前柜控制系统包括动力柜和仪表柜两个部分，操作面板分别见图4-3和图4-4。可实现设备状态显示、检测参数显示、控制模式切换、温度调节、燃烧器负荷手动/自动调节、烟道挡板开度调节等功能。

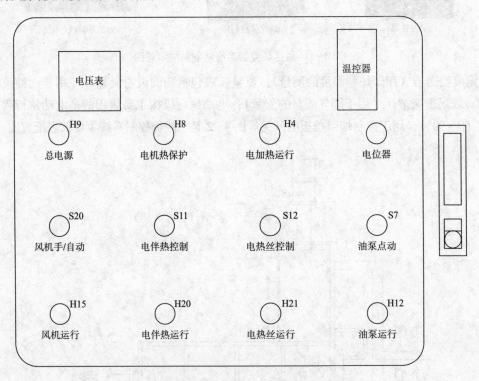

图4-3　炉前控制柜（动力柜）控制面板

在就地操作模式下，炉前柜控制系统独立于加热炉PLC控制系统运行，在远控操作模式下，炉前柜控制系统与加热炉PLC控制系统共同实现参数采集与设备远控等功能。

炉前柜控制系统主要有完整的加热炉现场控制功能，并且可执行加热炉PLC系统远控控制与调节等功能。

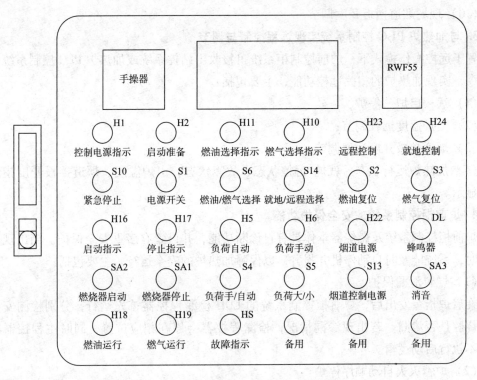

图4-4　炉前控制柜（仪表柜）控制面板

1. 设备状态与参数显示

监测和显示现场各设备状态及其参数包括：

（1）风机、油泵、电加热器等设备运行、故障等状态；

（2）燃烧器运行（燃油/燃气）、故障等状态；

（3）出炉温度调节指示、燃油温度指示、烟道挡板开度指示、电压指示等示值显示。

2. 现场控制

置于就地操作的模式下，炉前控制柜系统可实现加热炉及相关设备的现场单体控制、启停炉功能、参数设定等功能，包括：

（1）现场启、停、紧急停加热炉；

（2）风机手动/自动切换，负荷手动/自动切换；

（3）加热炉远程/就地切换，燃烧负荷调节远程/就地切换，烟道挡板操作远程/就地切换；

（4）燃气/燃油模式切换；

（5）现场风机启、停控制；

（6）现场燃油泵启、停控制；

（7）燃油温度调节控制；

（8）燃烧器手动负荷增大/减小调节；

（9）现场设定燃烧器出炉调节温度；

（10）现场烟道挡板开度调节。

3. 与加热炉 PLC 控制系统实现远程控制与调节

置于远控操作模式下，炉前控制柜系统可接收由站控系统或加热炉 PLC 控制系统的相关指令，实现加热炉的相关远控功能，主要包括：

（1）远程启炉、停炉；

（2）出炉温度远程调节；

（3）烟道挡板开度远程调节；

（4）加热炉运行状态、就地/远控状态、故障状态、出炉温度、烟道挡板开度指示等参数显示。

4. 炉前柜控制系统的安全保护功能

炉前柜控制系统及燃烧器本体具有自诊断功能，并设置有多重安全保护。当出现异常工况时，系统能及时自动停机并报警，以保障加热炉的安全运行。主要包括：

（1）燃料泄漏保护

在启炉指令发出后，炉前柜控制系统的 LDU 检漏程控器首先运行，分别检测安全阀与燃烧腔是否渗漏。若出现渗漏情况，检漏程控器会停在相应位置，同时主程控器不动作，不执行启动逻辑。

（2）炉膛灭火自动顺序停炉

在加热炉出现点火失败或运行过程中炉膛火焰熄灭等异常情况时，炉前柜控制系统的主程控器会自动执行安全停机程序，控制逻辑如下：

a）停运加热炉；

b）切断燃料供给并提示故障；

c）执行大风吹扫炉膛程序。

（3）风机故障自动停炉

在加热炉启动或运行过程中，当检测到风机故障（即风压开关不闭合）时，主程控器会自动执行安全停机程序，即炉膛灭火自动顺序停炉程序。

二、加热炉 PLC 系统

加热炉 PLC 控制系统与站控系统之间的控制模式一般有两种，分别为子站模式和独立模式。

1. 子站模式

子站模式是站控系统作为中央处理单元，加热炉控制系统作为站控系统的一个远程单元或子站，二者通过远程网络连接，如 Quantum 系的统 MB + 网络或 AB 系统 ControlNet 网络，如图 4-5 所示。这种模式下，加热炉控制系统实现数据采集和加热炉本体联锁功能，上位机显示功能由站控系统实现。

2. 独立模式

独立模式是加热炉控制系统作为独立的功能单元设置并运行，实现加热炉控制的所有

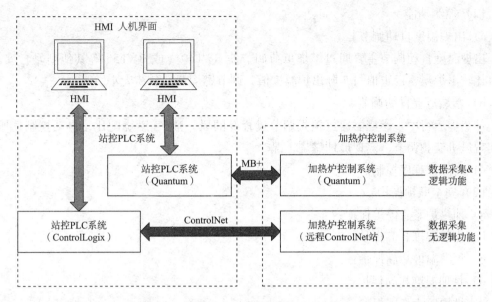

图 4-5　加热炉 PLC 控制系统（子站模式）

控制功能，如图 4-6 所示。

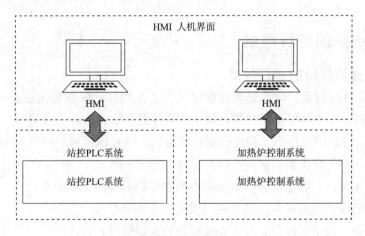

图 4-6　加热炉 PLC 控制系统（独立模式）

3. 系统功能

加热炉 PLC 系统除实现炉前柜控制系统各参数、状态采集与远控功能外，还实现加热炉相关附属设备（如燃油罐、燃油泵等）参数采集与控制，完成加热炉整体功能。

（1）总体功能

a）数据采集和处理；

b）工艺流程界面显示；

c）具备与其他系统互联功能；

d）故障报警、操作事件显示与记录；

e）参数实时趋势、历史趋势的显示与存储。

（2）控制功能

a）出炉温度自动调节。

出炉温度自动调节主要通过燃烧负荷调节器 RWF40（或 RWF55 等其他型号）实现，通过比较出炉温度设定值与实际出炉温度值，调节燃烧器的负荷大小。

b）燃烧过程自动调节。

加热炉运行中，燃烧器通过预先调节设置好的风、油/气燃烧配比，自动控制伺服电机实现风机变频调节，实现最佳燃烧工况。

c）启停炉程序控制。

（3）安全联锁保护

a）加热炉紧急停炉保护；

b）出炉温度超高保护；

c）炉膛温度超高保护；

d）排烟温度超高保护；

e）进炉压力超限报警；

f）全越站及全线停输时，与站控联锁自动停炉控制（压力越站但热力不越站时不联锁停炉）。

三、加热炉的运行控制

（一）燃油加热炉的运行控制

燃油加热炉在运行前，应首先导通相应的工艺流程，确保各相关设备满足运行条件。启炉指令发出后，燃烧器程序控制器会逐一检测各设备状态，若发现异常，指示盘会停在对应的位置。执行启炉操作后，程序控制器按照以下流程执行启炉指令：

（1）执行加热炉点火前的炉膛吹扫，时间约为30s；

（2）吹扫正常，若风压检测正常，则检测火焰检测回路是否正常；

（3）若火焰检测回路正常，则驱动伺服电机关小至点火位置；

（4）检测第一安全时间内，是否点火且收到火焰信号；

（5）检测第二安全时间内，是否收到火焰信号；

（6）点火成功后，根据设定的出炉温度，进行燃烧负荷自动调节。

在点火过程后的安全时间内，如果未收到火焰信号，程序控制器输出故障报警信号，执行炉膛灭火自动顺序停炉保护逻辑。

出炉温度和烟道挡板开度的设定，可在现场炉前控制柜进行调节（就地模式）或通过系统操作站进行远程操作（远控模式）。

（二）燃气加热炉的运行控制

与燃油加热炉相同，燃气加热炉在运行前，应首先导通相应的工艺流程，确保各相关设备满足运行条件。启炉指令发出后，燃烧器程序控制器会逐一检测各设备状态，若发现异常，指示盘会停在对应的位置。执行启炉操作后，程序控制器按照以下流程执行启炉指令。

（1）LDU 检漏程控器执行泄漏检测流程：

①打开燃烧器燃烧腔一侧的阀门，排出阀腔内的气体，使其处在大气压下；

②在大气压下，利用压力开关检测安全阀，如有渗漏则发出报警；

③打开燃烧器安全阀，使管路处在燃气压力下；

④在燃气压力下，利用压力开关检测燃烧腔一侧的阀门，如有渗漏则发出报警；

⑤泄漏检测通过后，执行主程控器点火流程。

（2）执行加热炉点火前吹扫，吹扫时间约 30s，进行点火前准备。

（3）吹扫正常，风压检测正常，检测火焰检测回路是否正常。

（4）火焰检测回路正常，驱动伺服电机关小至点火位置。

（5）检测第一安全时间内，点火且收到火焰信号。

（6）检测第二安全时间内，收到火焰信号。

（7）点火成功后，进行燃烧负荷自动调节。

在点火过程后的安全时间内，如果未收到火焰信号，程序控制器输出故障报警信号，执行炉膛灭火自动顺序停炉保护逻辑。

（三）油气两用加热炉的运行控制

油气两用加热炉的炉前控制柜内设有燃油/燃气切换开关和同时设有燃油/燃气运行、故障等状态指示。油气两用加热炉可根据燃料的不同进行选择，选择燃油方式，其运行控制与燃油加热炉运行控制相同；选择燃气方式，其运行控制与燃气加热炉运行控制相同。

第四节 加热炉控制系统的运行与维护

一、运行管理

加热炉在实际运行中，其炉前柜控制系统和 PLC 控制系统既各自独立，也相互联系。因此，对于加热炉控制系统运行管理的内容、方式和界面，应进行相应的明确。一般情况下，炉前柜控制系统由加热炉燃烧器供应商进行配套安装和调试；PLC 控制系统大多由站控 SCADA 系统集成商进行组态调试。所以，在运行管理中，炉前柜控制系统应结合加热炉燃烧器及其配套设施，参照相应的技术要求进行管理；PLC 控制系统及其仪表则应结合站控 SCADA 系统，参照相应的标准规范进行管理。

二、维护管理

加热炉控制系统的维护内容及流程基本与站控系统的维护保持一致，正常维护周期一般为 1 年；系统配套的各类仪表，则按照仪表校验的相关规范执行。由于加热炉的运行具有季节性特点，因此在加热炉正式运行前，其控制系统应完成相应的功能测试，主要包括如下内容：

1. 仪表的现场校验

（1）就地仪表校验，包括温度计、压力表等；

（2）远传仪表校验，包括炉进出口压力、炉膛负压、进出炉温度、炉膛温度、烟道温度、燃油温度等远传仪表；

（3）其他配套仪表校验，包括燃油罐、燃油泵、供气系统的相关仪表。

2. 炉前柜控制系统的功能测试

（1）炉前柜控制系统中各单体设备状态及控制功能测试，如风机、变频器、油泵、加热桶等；

（2）调节器调节功能测试，如燃烧负荷调节器、烟道挡板手操器等；

（3）启停炉功能测试，包括各设备间的联动与调节。

3. PLC 控制系统的功能测试

（1）加热炉 PLC 通道测试；

（2）加热炉远程启、停炉控制，一般采用模拟启停炉方式进行，现场接收到对应的控制指令后，反馈加热炉 PLC 相应的信号；

（3）烟道挡板调节、远程温度设定等远程调节功能测试；

（4）加热炉保护逻辑测试，包括炉本体联锁逻辑及工艺联锁保护逻辑。

三、常见故障及处理

炉前控制柜系统常见故障及处理见表 4-1。

表 4-1　炉前控制柜系统常见故障及处理表

序号	故障现象	处理措施
1	加热炉无法远程启动	1）检查炉前控制柜是否置于远程状态； 2）检查现场是否接收到远程启炉信号； 3）检查参与联锁功能的各参数值是否在正常范围内； 4）检查现场程控器所停在的指示位，消除相应的故障点； 5）检查燃烧负荷调节器采集的温度值是否正常
2	远程温度设定无效	1）检查燃烧负荷调节器是否处于远程状态； 2）检查燃烧负荷调节器各参数设定值是否匹配； 3）检查现场接收电流信号是否与设定值一致
3	参数显示异常	1）检查该参数所对应的现场仪表工作是否正常； 2）检查该参数的回路或通道是否正常

加热炉 PLC 控制系统常见故障及处理的方法、流程、注意事项等内容，与 SCADA 系统的常见故障及处理基本一致，在此不再重复介绍。

四、故障案例

案例1：燃烧负荷调节器故障

1. 故障现象

某站控加热炉站控操作人员在上位人机画面对加热炉出炉温度参数设定，进行设定时，发现现场燃烧负荷调节器 RWF40 显示的设定温度比实际设定温度低约5℃。

2. 故障排查

（1）现场测试输出设定值电流是否与设定值匹配。

（2）检查 RWF40 燃烧负荷调节器是否工作正常。

（3）检查 RWF40 燃烧负荷调节器模块参数设定值是否正常。

3. 故障处理及原因分析

（1）在现场检测现场 4～20mA 信号与设定值，经测试几个设定点（0℃、25℃、50℃、75℃、100℃）与对应电流值（4mA、8mA、12mA、16mA、20mA）均能满足精度要求，未出现超差；

（2）检查 RWF40 参数设定值，发现设定值4～20mA 对应温度设定值（0～100℃）不对应，造成上位设定值与 RWF40 接收信号值偏差。

4. 注意事项

（1）对于燃烧负荷控制器，需要根据现场实际工况，进行各项参数的调校和整定，以匹配加热炉 PLC 控制系统的参数，确保其调节及控制功能正常；

（2）对于其他调节器如烟道挡板手操器，也需要与被控设备进行联调，设置相应参数，匹配合适信号；

（3）加热炉在正式运行前，需对其控制系统及其元件进行检查和相应测试，避免因加热炉停运时间较长可能导致的系统及元件的可靠性降低的问题产生；

（4）在加热炉停运期间，运行人员也应定期对加热炉的控制系统进行巡检，发现问题及时处理，以保证其工作正常。

案例2：烟道挡板操作故障

1. 故障现象

某站控加热炉站控操作人员在上位人机画面对加热炉烟道挡板进行开度调节。设定开度指令发出后，实际开度反馈无变化，现场烟道挡板指针不动作，烟道挡板连杆出现轻微扭曲变形现象。

2. 故障排查

（1）现场测试输出设定值电流是否与设定值匹配；

（2）检查电动执行机构是否工作正常；

（3）检查烟道挡板动作是否正常。

3. 故障处理及原因分析

（1）现场检测 4～20mA 信号与设定值，各设定点与对应电流值均能满足精度要求，未出现超差；

（2）给定信号，检查电动执行机构的动作情况，发现运转正常；

（3）检查烟道挡板机械结构动作情况，发现挡板机构锈死，无法动作。

4. 注意事项

（1）加热炉在停运后，运行人员应定期对烟道挡板进行活动和保养，防止机械结构锈蚀；

（2）加热炉在重新启运前，需进行检查与活动，避免各元件因加热炉停运时间较长元件工作不可靠。

案例 3：加热炉 PLC 程序丢失

1. 故障现象

某站操作人员发现上位机画面中，加热炉运行状态显示灰色，所有参数不随生产工况发生变化，且无法通过上位机对设备进行操作和参数设定。

2. 故障排查

（1）检查现场设备运行状态及供电状态是否正常；

（2）检查加热炉 PLC 机柜各模块是否工作正常；

（3）检查 SCADA 系统网络通讯是否正常。

3. 故障处理及原因分析

（1）在现场检测设备运行指示灯是否与实际状态匹配，电流电压稳定；

（2）检查站控机网卡通讯和交换机的工作状态，检查网线连接情况，均显示正常；

（3）检查 PLC 运行状态，发现 PLC 处于程序丢失的故障状态。重新下载程序后，系统恢复正常。

4. 注意事项

（1）定期检查 PLC 各模块运行状态，注意 CPU 电池电量是否出现报警提示；

（2）定期进行上、下位程序备份；

（3）定期检查 SCADA 系统通讯网络状态。

（4）在加热炉停运期间，保证加热炉 PLC 控制系统的供电，并且按规定进行日常巡检。

思考题

1. 加热炉控制系统由哪几部分构成？各自具有哪些功能？

2. 加热炉 PLC 系统的常见故障有哪些？相应的处理措施有哪些？

3. 在加热炉运行中，当控制系统出现故障时，操作人员应采取哪些应急措施？

4. 加热炉控制系统中的联锁保护功能有哪些？如何做好加热炉控制系统的维护与功能测试？

5. 在加热炉长期停运期间，运行人员需要做好哪些工作？

第五章　安全仪表系统

第一节　概述

安全仪表系统（Safety Instrumented System，简称 SIS 系统），是指用于实现一个或多个安全仪表功能的控制系统，由检测仪表、逻辑控制器和执行元件等组成。按照系统功能，SIS 系统包括紧急停车系统（ESD）、安全保护系统等。SIS 系统独立于过程控制系统（如 SCADA 系统），生产正常时处于休眠或静止状态，一旦生产设备出现可能导致安全事故的情况时，能够瞬间准确动作，使生产过程安全停运或自动导入预定的安全状态。

近年来，随着国家对安全生产的要求越来越高，SIS 系统在长输管道、油库的应用也经历了从功能独立到 SIS 系统独立的发展过程。最初安全仪表功能由 SCADA 系统执行，无单独的 SIS 系统。随着对 SIS 系统的重视和国家的安全监管要求，独立的 SIS 系统在长输管道上开始逐步应用。

第二节　系统组成与硬件配置

SIS 系统不同于 SCADA 系统，要求有专门机构认证其安全完整性等级（SIL），用于降低生产过程风险。它不仅能响应生产过程因超过安全极限而带来的风险，而且能检测和处理自身的故障，从而按预定条件或程序使生产过程处于安全状态，以确保人员、设备及周边环境的安全。图 5-1 为包含安全仪表系统的典型输油站场控制系统结构图。

一、输油站及油库站控系统组成及关系

大型站库管道站场及油库站控制系统由基本过程控制系统、安全仪表系统和消防控制系统组成，其系统构成及关系见图 5-2。输油管道站场（不包括大型储油罐）站控制系统由基本过程控制系统、安全仪表系统组成，其系统构成及关系见图 5-3。

①站控制系统由基本过程控制系统、安全仪表系统和消防控制系统组成。安全完整性等级小于等于 SIL1 时，基本过程控制系统和安全仪表系统可合用，安全完整性等级为 SIL2 及以上时，安全仪表系统与基本过程控制系统应分开设置。

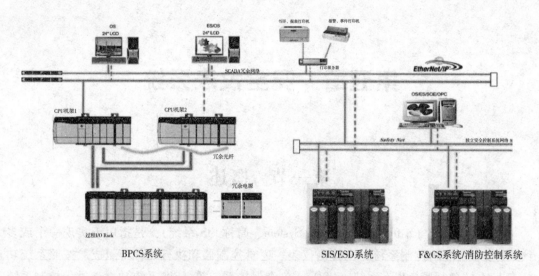

图 5-1　典型输油站场控制系统结构图

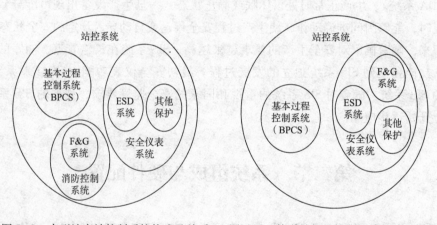

图 5-2　大型站库站控制系统构成及关系　　图 5-3　管道站场站控制系统构成及关系

②设置消防控制系统的站场，火灾及可燃气体报警系统应纳入消防控制系统。

③未设置消防控制系统的站场，火灾及可燃气体报警系统的报警信号纳入安全仪表系统。

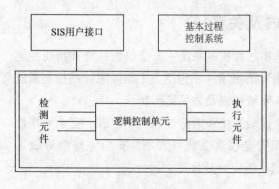

图 5-4　安全仪表系统结构图

二、安全仪表系统组成

根据安全仪表功能失效产生的后果及风险，将安全仪表功能划分为不同的安全完整性等级（SIL 等级：1~4，最高为 4 级）。安全仪表系统包括检测元件、逻辑控制单元和执行元件等，图 5-4 为安全仪表系统结构图，系统中的各个组成部分应满足安全仪表系统的安全完整性等级。

（一）检测元件

1. 设置原则

（1）独立设置原则：对于 SIL1 安全仪表功能回路，其检测元件可与基本过程控制回路共用；对于 SIL2 以上安全仪表功能回路，其检测元件应独立设置。

（2）冗余设置原则：

对于 SIL1 安全仪表功能回路，可采用单一的检测元件。

对于 SIL2 安全仪表功能回路，宜采用冗余的检测元件。

对于 SIL3 安全仪表功能回路，应采用冗余的检测元件。

当系统要求高安全性时，应采用 1oo2。

当系统要求高可用性时，应采用 2oo2。

当系统的安全性和可用性均需保障时，宜采用 2oo3。

2. 主要检测元件

（1）输油泵进口汇管设置 3 台压力变送器、出口汇管设置 3 台压力变送器、进站设置 3 台压力变送器、出站设置 3 台压力变送器，每处检测点压力变送器采用 3 选 2 冗余方式，安装时采用独立取源部件。

（2）可燃气体检测报警：在阀组区、泵区、计量区、罐区等可能的泄漏处设置可燃气体探测器，监视可燃气体的浓度，当可燃气体的浓度一旦超限时，在现场发出声光报警信号，同时信号上传可燃气体报警控制器，再由报警控制器上传至消防控制系统或安全仪表系统。

（3）火焰检测报警：在阀组区、泵区、储罐区设置多频红外火焰探测器，每个区域采用对射的方式，报警信号上传火焰报警控制器，再由报警控制器上传至消防控制系统或安全仪表系统。

（4）ESD 按钮：站控制室操作台、站场工艺设备区通道旁设置 ESD 按钮。

（二）执行元件

（1）SIL 1 级安全仪表功能回路，阀门可与基本过程控制系统共用。

（2）SIL 2 级安全仪表功能回路，阀门宜与基本过程控制系统分开。当阀门与基本过程控制系统共用时，配套的电磁阀应分别设置；宜采用冗余控制阀。如采用单一的控制阀，其配套的电磁阀应冗余设置。

（3）SIL 3 级安全仪表功能回路，阀门应与基本过程控制系统分开；应采用冗余控制阀。

（4）采用冗余控制阀或电磁阀时，冗余方式应采用 1oo2 逻辑结构。

（三）逻辑控制单元

逻辑控制单元应选用与 SIL 要求相适应的可编程序逻辑控制器（PLC）或其他逻辑器件。

1. 设置原则

（1）对于 SIL 1 级安全仪表系统，逻辑控制单元可与基本过程控制系统合用。

（2）对于 SIL 2、SIL 3 级安全仪表系统，其逻辑控制单元应与基本过程控制系统分开。对于 SIL 2 级安全仪表系统，宜采用冗余的逻辑控制单元。其中央处理单元、电源模块、通信系统等应冗余配置，输入、输出模块宜冗余配置。对于 SIL 3 级安全仪表系统，应采用冗余的逻辑控制单元。其中央处理单元、电源模块、输入、输出模块及通讯网络与接口等均应冗余配置。

2. 设置方案

逻辑控制器以美国罗克韦尔公司 ControlLogix PLC 为例，其软件、固件和硬件包经过 TüV 认证，满足 SIL2 应用要求。PLC 控制系统的 CPU、输入模块、输出模块、电源模块、通信模块应冗余配置。图 5-5 是安全仪表系统的逻辑控制器架构图。

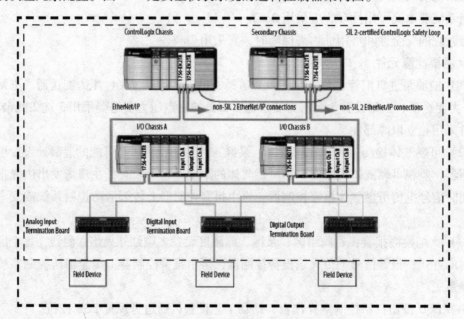

图 5-5　安全仪表系统的逻辑控制器架构图

第三节　安全仪表功能

安全仪表系统（SIS）独立于过程控制系统（BPCS），生产正常时处于休眠或静止状态，一旦生产设施出现可能导致安全事故的情况时，能够瞬间准确动作，使生产过程安全停运或自动导入预定的安全状态。

一、输油站

输油站的安全仪表系统控制功能包括紧急停车和安全联锁保护两个部分，并应进行分级设计。输油站紧急停车系统应设计为故障安全型。

（一）紧急停车系统（ESD）

1. 紧急停车基本要求

（1）应具有就地、控制室操作的功能；

（2）输油站发生火灾时，应能够切断除消防系统和应急电源以外的供电电源或动力；

（3）应具有使设备或全站安全停运并与管道隔离的功能；

（4）系统应根据故障的性质和输油工艺要求进行分级，高级别的关断应自动触发低级别的关断；

（5）应具有触发全线联锁动作的输出信号。

2. 典型输油站场的紧急停车功能

站内工艺生产区和站控室设 ESD 按钮（常闭触点），人工触发后，动作如下：

（1）本站输油泵和给油泵紧急停泵；

（2）执行全线紧急停输程序。

紧急停车动作的启动命令来自紧急停车按钮的直接触发。单体设备紧急停车主要为设备本体紧急停车。

（二）安全联锁保护

输油站的安全保护应根据管道全线及输油站的工艺过程的安全、操作和运行要求设计，在联锁动作前应设置预报警信号。其安全保护应符合下列规定：

（1）输油泵站进、出泵应设置超压保护调节功能；

（2）出现水击工况，应设置与出站压力控制回路联锁调节功能及输油泵机组顺序停运联锁功能。

（3）给油泵入口支管设 1 台压力变送器，压力参数进安全仪表系统，达到超低低限值时报警。

（4）输油泵入口汇管，输油泵出口汇管以及出站端均设置 3 台压力变送器，压力参数进安全仪表系统，压力参数 3 选 2 达到联锁超限值时，分别联锁本站所有运行的输油泵顺序停泵和紧急全停泵。

二、原油库

油库安全仪表系统控制功能包括紧急停车和安全联锁保护两个部分，并应进行分级设计。油库紧急停车系统应设计为故障安全型。

（一）紧急停车系统（ESD）

1. 单泵紧急停车

给油泵、倒罐泵泵本体突发故障时紧急停泵，实现对泵机组的保护。

2. 库区紧急停车

油库突发事故时，全停运行的给油泵、倒罐泵。紧急停车动作的启动命令来自油库紧急停车按钮或调控中心紧急停车命令。

3. 油库紧急停车系统具有触发连接管道全线紧急停输的输出信号

（二）安全联锁保护

1. 高高液位联锁

高高液位报警联锁关闭储油罐进口阀门。

一级或二级重大危险源的储罐应设置高高液位联锁关闭进料阀，为不影响上游设施，应报警并快速开启另一座储罐的进料阀。按照规范要求，应结合各油库实际运行条件，充分考虑高高液位报警联锁关闭罐进口阀的次生风险，完善相应级别的安全保护。

一般来说，油库卸船作业收油罐存在不确定性，无法自动联锁打开另一储罐进罐阀，为尽量避免高高液位报警联锁关闭进罐阀造成的次生危害，油库控制系统中预先设置高液位报警，当高液位报警时，先人为切罐，再关闭该液位超高储罐进罐阀。一旦油库进油罐高高液位引发关阀联锁，将造成卸船管线或密闭输油管线水击和憋压，容易引发安全事故，为确保生产安全，油轮应配置超压联锁停卸船泵或卸船流程宜设置水击泄放系统，密闭输油管线应投用水击超前保护。

2. 低低液位联锁

低低液位报警联锁停罐区倒罐泵和管输给油泵，并关闭泵出口阀门。

当储罐的低低液位设置自动联锁停泵，会对下游站场造成停工再启动等重大影响时，其液位低低宜二次报警时联锁关闭罐出口阀，一次报警时先人工切罐，打开另一座储罐出口阀。对于输油节点油库来说，一般出库管线较多，且储罐与管线对应关系不固定，联锁停泵将引起各管道停输，影响面大。因此，应结合油库实际运行条件，低低液位报警联锁可采取关闭罐出口阀，为避免关阀造成管道抽空等对泵机组、管道等带来的损害，相应完善泵机组压力超低联锁停泵功能。如在给油泵入口设置压力超低联锁停泵。

第四节　运行与维护

一、运行

（一）一般要求

安全仪表系统运行的一般要求，可参照 3.3.7 节的相关内容执行。

（二）巡检关键点

（1）检查 PLC 机柜各模块工作状态、网络通信状态，确保主备设备、冗余模块状态正常，无故障指示。

（2）检查供电系统的不间断电源（UPS）运行正常，无异常报警。各直流电源及电源模块运行正常，供电系统冗余可靠。

（3）现场和控制室的 ESD 按钮标识清晰，防护罩完好。

（4）机房内温湿度符合要求，无异味。

（5）安全仪表系统 ESD 和联锁功能按要求正常投用，无异常报警信息。

二、维护

（一）一般要求

安全仪表系统维护的一般要求，可参照 3.3.7 节的相关内容执行。

（二）维护关键点

（1）安全仪表系统的维护，应安排在管线停输时进行。

（2）维护时应全面检查安全仪表系统的软硬件状况和系统功能，做好软件和数据的备份工作，相关测试应作好记录。

（3）安全仪表系统的故障处置，应首先考虑对生产运行的影响，充分研究并制定处置方案，经审核后实施。

思考题

1. 安全仪表系统是在基本过程控制系统保护功能失效，生产设备出现可能导致安全事故的情况时，将生产过程安全停运或自动导入预定的安全状态，是最高级别安全保护，请问通过哪几种方式，可以提高安全仪表系统的可靠性？

2. 安全仪表系统联锁动作将导致管道全线非计划停输，影响面大，请从运行、维护和管理角度，谈谈如何降低安全仪表系统的误动作率。

3. 简述安全仪表的独立设置原则，说明其包含哪三部分？

4. 简述安全仪表系统在重要位置的压力联锁点为何采用"三选二"的设计方案？

第六章 输油管道泄漏检测系统

第一节 概述

管道泄漏检测系统是通过检测仪表、数据采集处理设备以及通信网络，实时监测管道状况或周边外围情况，判断管线上是否发生泄漏，当发生泄漏事故时，系统发出声光报警信号，并对泄漏点定位。管道泄漏检测系统是管道运行必不可少的监测系统，可及时发现并定位管道爆管、大流量打孔盗油位置，第一时间启动管道应急抢修程序，以减小管道泄漏事故带来的损失。

国内外对于管道泄漏检测方法的研究已有几十年的历史，但由于管道泄漏检测的复杂性，比如管道输送介质的多样性、管道所处环境的多样性以及泄漏形式的多样性等，使得目前还没有一种通用的方法能够完全满足各种不同管道泄漏检测的要求。因此，可以根据不同管道泄漏检测的实际情况，选择几种检测方法联合使用，有的作为主要检测手段，有的作为辅助检测手段，互相弥补不足，则可以取得良好的检测效果。

管道泄漏检测分为事先预警和事后报警两种方式。事先预警是在管道遭受破坏前，检测管道周围土壤振动信号，以提早干预，防止破坏发生，或降低管道泄漏造成的影响，主要包括光纤预警和雷达预警两种方式，目前处于试验推广阶段。

事后报警是在管道发生泄漏后，及时对泄漏进行报警和定位，主要方法有负压波法、次声波法、超声波法等。

目前长输原油管道泄漏检测主要采用负压波法和流量平衡法相结合的检测方法。

第二节 常用的泄漏检测方法

一、泄漏预警

（一）光纤预警

光纤预警式泄漏检测系统利用管道同沟敷设通信光缆中的备用芯作为长距离无源分布式传感器，对管道附近采集的土壤振动信号进行处理和分析，根据土壤振动信号的特征感知能源管线附近环境，确定各种破坏事件（振动源）的类别及严重性，进行预测性的预警，如图6-1所示。

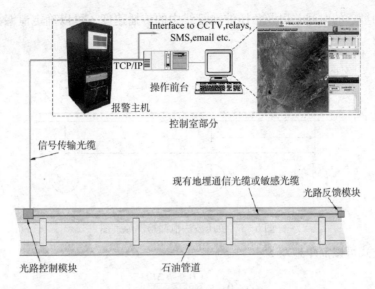

图6-1 光纤预警式泄漏检测

（二）雷达预警

雷达预警式泄漏检测系统如图6-2所示。管道上的振动信号被智能终端精确检测并进行分析，当监测到的干扰信息的强度、频谱特征等各项数据符合数据库参考值时，向主站发出报警信息，主站实时采集管道各智能监测终端的信号，对管道打孔动作进行预警。

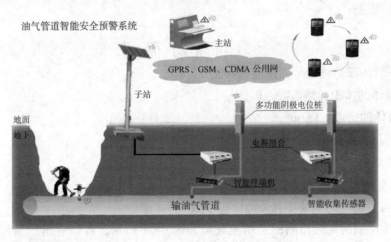

图6-2 雷达预警式泄漏检测

二、泄漏报警

（一）负压波法

当管道发生泄漏时，泄漏处因流体物质损失而引起局部流体密度减小，产生瞬时压力下降。这个瞬时的压降以声速向泄漏点的上、下游传播，当以泄漏前的压力作为参考标准时，泄漏时产生的减压波就称为负压波。由于管壁的波导作用，负压波传播过程衰减较小，可以传播相当远的距离，其传播速度与声波在流体中的传播速度相同。利用负压波通过上、下游测量点的时间差以及负压波在管线中的传播速度，可以确定泄漏点的位置，其原理见图6-3。

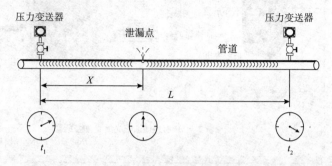

图6-3　负压波法泄漏检测原理图

其定位公式可以简单地写为：

$$X = \frac{(L + a\Delta t)}{2} \tag{6-1}$$

式中　a——负压波在管道中的传播速度；

　　　Δt——两个检测点接收负压波的时间差；

　　　L——所检测的管道长度。

实际上，负压波在管道中的传播速度受其中传播介质的弹性、密度、介质温度及管材等实际因素的影响：

$$a = \sqrt{\frac{K/\rho}{1 + [(K/E)(D/e)]C_1}} \tag{6-2}$$

式中　a——管内压力波的传播速度，m/s；

　　　K——液体的体积弹性系数，Pa；

　　　ρ——液体的密度，kg/m^3；

　　　E——管材的弹性模量，Pa；

　　　D——管道直径，m；

　　　e——管壁厚度，m；

　　　C_1——与管道的约束条件有关的修正系数。

管道发生泄漏时实际检测的负压波波形如图6-4所示，可以看出，当管道发生泄漏时，首站出站压力和末站进站压力均会下降，实际工作过程中，基于负压波的管道泄漏检测系统正是通过检测类似的压力波动来进行泄漏检测和泄漏定位的。管道泄漏检测系统通过硬件设备将管段进出站压力值采集至工作站内，在工作站安装管道泄漏检测软件，通过一系列的计算，检测到压力异常下降，从而实现泄漏检测的功能。

为了更精确地对泄漏点进行定位，对此都根据实际管道情况予以充分考虑计算。在实际应用中，需利用GPS定位系统使分布不同站场的泄漏检测系统时钟统一在几十纳秒的精度范围内，以减少时间误差带来的定位误差。另外，在实际的工业现场中，存在着大量的电磁干扰、杂散电场干扰、动力电源干扰以及输油泵振动等因素的干扰，将实际的有用的压力信号埋没其中，故软件中需采用多种滤波方式，对采集到的信号进行了有效的处理，以有效地提取关键信号，提高检测灵敏度。

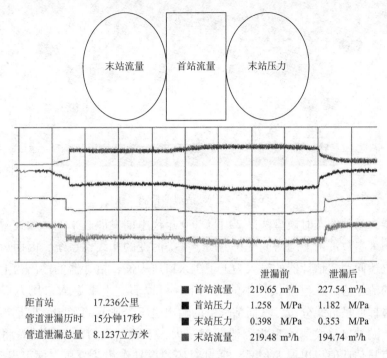

	泄漏前	泄漏后
■ 首站流量	219.65 m³/h	227.54 m³/h
■ 首站压力	1.258 M/Pa	1.182 M/Pa
■ 末站压力	0.398 M/Pa	0.353 M/Pa
■ 末站流量	219.48 m³/h	194.74 m³/h

距首站	17.236公里
管道泄漏历时	15分钟17秒
管道泄漏总量	8.1237立方米

图6-4　管道泄漏时首末端压力和流量实测波形

该方法灵敏、准确，无须建立管道的数学模型，原理简单、适用性很强，是目前国际上广泛应用的管道泄漏检测和定位方法。

（二）次声波法

次声波法泄漏检测系统如图6-5所示。管道某点发生泄漏，会引起管道内压力的扰动，由此产生声波信号，该声波信号向管道两端传递，通过时差即可确定泄漏点位置。次声波法与负压波法定位原理类似，其主要区别是次声波法采用声纹比对技术，在泄漏诊断过程中，其声纹特征与实际信号幅值大小及波形无关，在提高泄漏检测灵敏度的同时，又避免了泄漏信号频率主成分偏移产生的漏报、误报现象。

（三）实时模型法

实时模型法是近年来国际上着力研究的检测管道泄漏的方法。自20世纪80年代中后期以来，我国也对实时模型法进行了研究。它的基本思想是根据瞬变流的水力模型和热力模型考虑管线内流体的速度、压力、密度及黏度等参数的变化，建立起管道的实时模型，在一定边界条件下求解管内流场，然后将计算值与管端的实测值相比较。当实测值与计算值的偏差大于一定范围时，即认为发生了泄漏。在泄漏定位中使用稳态模型，根据管道内的压力梯度变化可以确定泄漏点的位置。实时模型法主要包括有以估计器为基础的实时模型法、以系统辨识为基础的实时模型法、基于Kalman滤波器的实时模型法和基于瞬变流的实时模型法。

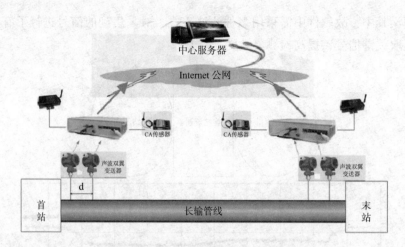

图 6-5　次声波法泄漏检测系统

以估计器为基础的实时模型法是 20 世纪 80 年代中期发展起来的一项技术。由于管道内流体的各物理参数都可能随时间变化，属于一类时变的非线性系统，因而运用估计器能较好地处理上述问题。估计器的输入为上下游入口压力值，估计器的输出为上游站出口和下游站入口的流量值。在泄漏量较小的情况下，可以假定上下游入口压力不受泄漏的影响，只是压力梯度呈折线分布，从而估计器的输出也不受泄漏的影响。但是当管道发生泄漏后，管道上游站出口实测流量将因泄漏而变大，下游站入口的实测流量将因泄漏而变小。由实测值与估计值得出偏差信号，通过对偏差信号作相关分析，便可得到定位结果。该方法需要在管道上安装流量计，对仪表的要求高。对于管道泄漏量比较大的时候，该方法假定上下游入口压力不受泄漏的影响时不成立。

以系统辨识为基础的实时模型法分别建立"故障灵敏模型"和"无故障模型"进行检测和定位，以满足泄漏和定位对模型的不同要求。在管道完好的条件下，建立起无故障模型和故障灵敏模型，然后基于故障灵敏模型，用自相关分析算法实现泄漏检测；基于无故障模型，用适当的算法进行定位，最后进行泄漏量估计。该方法基于对管道及流体参数的准确测量建立管道运行模型，缺点是对仪表的要求高，运算量大。

基于 Kalman 滤波器的实时模型法是将管道等分成 n 段，假定中间分段点上的泄漏量分别为 Q_1、Q_2、$\cdots$、Q_{n-1}，然后建立包括上述泄漏在内的状态空间离散模型。用 Kalman 滤波器来估计这些泄漏量，运用适当的判别准则，便可进行泄漏点的检测和定位。该方法需假定管道内流体的流动是稳定的，需要在管道上安装流量计，检测和定位精度与管道的分段数 n 有关。

基于瞬变流的实时模型法是指管道输送能力发生变化的过程，会在管内引起瞬变流动，产生一个瞬变的压力波动，利用管道内流体的运动方程和连续方程建立准确描述管内瞬变流动过程的数学模型，并通过计算机技术对瞬变流信号进行求解，从而对管道泄漏进行检测和定位。

（四）流量平衡法

流量平衡法泄漏检测系统如图 6-6 所示。这种方法依靠质量守恒定律，没有泄漏时进入管道的质量流量和流出管道的质量流量是相等的，如果进入流量大于流出流量，就可以判断出管道中间有泄漏点。显然，检测精度收到流量计精度的影响，这种方法不能准确地对漏点进行定位。

流量平衡法可基于进出站超声波流量计进行泄漏检测。管道按照站场或远控阀室分为若干段，在进出站端设置超声波流量计，在不同时间段内比较上下游站的流量计的差值，超过预设的阈值则判断为泄漏，通过上下游站的流量计采集从泄漏点发出声速 v_s，对泄漏点进行定位。

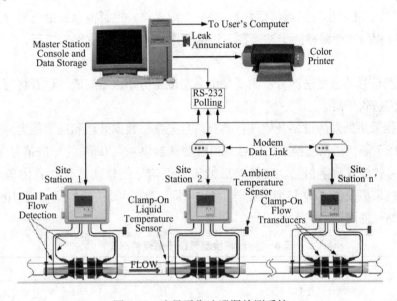

图6-6　流量平衡法泄漏检测系统

第三节　泄漏检测系统组成与硬件配置

泄漏检测系统系统架构主要包括两种方式，一种是基于 SCADA 系统中心服务器的方式，在调度中心设置 1 套检漏系统，在中心报警及定位；一种是中心站和站控子站结合的方式，目前常用的管道泄漏检测系统是由各输油站或远控截断阀室的泄漏检测子站和调控中心的泄漏检测中心站组成。

管道沿线各子站的数据采集设备不断采集管道数据，通过调控中心、各输油站及远控截断阀室之间的局域网与中心站进行数据通讯，在子站对上下游段的泄漏进行报警和定位，在中心站对全线泄漏进行报警和定位。当发生泄漏事故时，子站和中心站均发出声光报警信号，并对泄漏点定位，给出漏点位置信息。系统时钟同步可采用现生产网内时钟同步服务器。

一、泄漏检测子站

泄漏检测子站肩负着实时为泄漏检测系统提供现场数据的功能，负责采集泄漏系统所需数据并上传至泄漏检测中心站。

子站设备应是基于工业标准设计的高速数据采集装置，具有体积小、扩展性强，抗干扰性能好的特点，并应方便地实现下位机和上位机之间的高速通讯。

泄漏检测子站通常包括工作站、配套泄漏检测系统子站监视终端软件、数据采集器（数据采集模块、处理模块、通信模块）、24V 电源模块、控制柜及其柜内附件、泄漏检测变送器等。远控阀室泄漏检测子站通常不包括工作站，只设置数据采集器，仅作为数据采集处理站点。

（1）现场信号传感变送部分：主要是由高精度压力变送器组成，负责将管道中的运行参数采集并传送到子站。

（2）数据采集处理的设备及软件：具有信号采集、数据处理和通信能力。其功能是接收由现场的压力等传感器变换来的信号，通过变送器以 4～20mA 的标准信号通过 A/D 转换将模拟信号转换成数字信号，将转换后的压力等信号经软硬件处理后传送到中心站设备。信号转换采集设备 A/D 转换精度至少为 16 位，数据采集速率应不小于 10 次/s。泄漏检测系统子站硬件配置见表 6-1。

表 6-1　泄漏检测系统子站硬件配置

序号	项目	单位	数量	备注
1	工作站（具有 PCI 插槽）	台	1	
2	数据采集卡	台	2	
3	信号调理器母板	台	2	
4	压力信号调理板	台	2	
5	电源模块	套	1	
6	通信模块	套	1	
7	机柜	面	1	

主要设备如图 6-7 所示，图中左上为显示器；右上为工作站，数据采集卡安装在工作站中；左下为信号调理模块，右下为信号调理模板，两者配合使用，实现压力信号的调理和转换功能。子站泄漏检测系统供电为 220VAC，需要提供局域网的网络接入端口。

子站设备的具体使用方式为信号调理器安装在各站压力变送器输出到 PLC 的 AI 通道输入端之间，对压力信号进行预处理，为泄漏检测系统提供高质量的有用信号。信号调理模块输出的信号通过专用线缆传输至数据采集卡，由数据采集卡完成高精度的模数转换功能。工作站安装泄漏检测软件开发环境和相应的泄漏检测子站软件，对所采集数据打包时间标签，实现本地存储、泄漏检测功能，泄漏检测子站同时能够实现对子站所辖上下管段的泄漏检测和定位功能。

图 6-7　子站泄漏检测硬件设备

二、泄漏检测中心站

中心站设置在调度中心，需要调度中心与各子站建成可互通的局域网。中心站设置中心站计算机，安装泄漏检测中心站软件，通过局域网接收管线上各子站的数据采集设备不断采集管道的压力等工况信息，经过实时处理和分析，判断管线上是否有泄漏发生，当发生泄漏事故时，系统将发出声光报警信号，并对泄漏点定位，给出漏点位置信息。

泄漏检测中心站通常包括服务器、数据接口软件及配套的中心端泄漏检测系统软件、工作站及配套泄漏检测系统监视终端软件。

中心站设备主要是系统中心站服务器、工作站、配套软件和通信硬件设备，主要包括网络通讯传输、界面显示、数据算法分析与处理、报警处理、数据管理等。泄漏检测系统中心站硬件配置见表 6-2。

表 6-2　泄漏检测系统中心站硬件配置

序号	项目	单位	数量	备注
1	服务器	台	2	
2	工作站	台	1	
3	通信设备	套	1	

三、泄漏检测软件

泄漏检测系统软件包括软件开发环境以及泄漏检测系统的开发软件。

泄漏检测系统软件采用模块化和面向对象的设计方法和技术，具有灵活可靠的特点。首先由通信模块接收各子站发送过来的数据包，解包后对数据进行信号滤波数据，并实时数据存盘；将采集到的相关现场数据结合泄漏监测与定位算法进行分析和处理，发现泄漏和定位泄漏点；同时将压力等数据进行实时曲线显示，并将这些数据存储在数据库中。还包括用户管理模块和统计模块进行管理和人机交互，如图6-8所示。

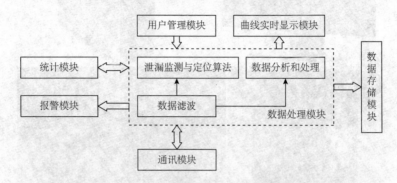

图6-8　泄漏检测系统软件架构

泄漏检测软件包括以下功能模块：

（1）数据采集模块：输油站场及远控阀室的数据采集，包括通过检漏系统数据采集子站采集到的压力及 SCADA 系统接口获得的流量、泵阀状态等数据，数据采集是通过 A、B 双网通讯链路获取；

（2）数据选择模块：对上述采集到各站场阀室的双网数据进行筛选供检漏系统软件内部使用，即当某一通讯链路通讯故障时自动切换到另外一路通讯链路；

（3）数据处理模块：对获取到的压力、流量数据进行滤波降噪处理；

（4）数据存储模块：对压力、流量数据进行本地硬盘存储；

（5）压力降检测模块：对各站场进出站及阀室的压力数据进行压力降检测，对满足报警条件压力降进行报警处理；

（6）流量异常检测：对各管段（上站出站至下游进站）采用流量平衡法对流量异常进行检测；

（7）工艺操作检测模块：通过对各站场泵、阀、变频器等设备状态及流程的监控，对工艺操作进行识别；

（8）模式识别模块：通过对压力降检测模块、流量异常检测模块、工艺操作检测模块的汇总判断，对管线异常（如泄漏）进行识别并报警；

（9）数据库表的建立：建立检漏系统所需的数据库表，并建立检漏系统软件与数据库交互的接口；

（10）数据库表存储模块：对一些事件、报警、操作信息、管线基础信息、报警阈值等数据进行数据库存储、读写操作及界面；

（11）数据接口模块：建立各个站场检漏监控终端的数据接口，向其传输检漏数据及报警信息，以及监控终端与服务器的状态数据交互等；

（12）软件显示界面：编程组态软件界面，主要包括各站场压力、流量数据的曲线显示，网络通讯状态显示；

（13）检漏系统服务器端软件菜单栏的编程组态。

第四节　技术指标及要求

一、技术指标

泄漏检测系统技术指标见表6-3。

表6-3　泄漏检测系统技术指标

序号	名称	技术指标	备注
1	灵敏度	≥1%流量的泄漏量可报警	
2	反应时间	泄漏量1%~1.5%，反应时间3~5min	
		泄漏量≥1.5%，反应时间1~2min	
3	定位精度	定位精度≤两个站间距的1.5%	
4	误报率	<5%	
5	漏报率	对于≥1%的泄漏量，≤1次/年	

说明：

（1）根据负压波法泄漏检测系统技术特点，该系统适用于管道发生较大量的突发性泄漏检测，对于缓慢的渗漏等较小的泄漏，系统不能进行有效判断和定位。

（2）为使管道泄漏检测系统泄漏判断和泄漏定位准确，管道两端的压力都应不低于0.1MPa，低于0.1MPa会影响到泄漏判断和泄漏定位的准确性。

（3）若通信网络条件不能满足管道泄漏监测系统对于数据实时性的要求，可能会影响到泄漏判断和泄漏定位的准确性。

二、技术要求

（一）对数据采集的要求

负压波在输油管道中的传播速度为1000~1200m/s，负压波传到监测点两端的时间上偏差1s会给泄漏点的定位带来1000m左右的误差。而且实际的输油管道是一个混杂的噪声环境，要从采集到的负压波序列中捕捉微小变化，准确判断出泄漏信号的特征拐点，要求泄漏检测系统数据采集频率高且稳定。

（二）对系统硬件的要求

在输油站和远控阀室的压力变送器输出到PLC的I/O卡输入端之间安装信号调理器，预处理压力信号，为泄漏检测系统提供高质量的压力信号。

（三）对时间一致性的要求

负压波法泄漏检测系统根据泄漏产生的负压波传播到上、下游压力变送器的时间差，以及输油管道内压力波的传播速度计算泄漏点的位置。负压波传播到上、下游压力变送器的时间差是影响泄漏点定位精度的一个关键问题，这就要求系统各子站与中心站的时间必须保持一致，时间同步精度要达到毫秒级。可以通过 SCADA 系统的 GPS 时间同步服务器，定时通过网络对各子站进行时间同步来满足此项要求。

第五节　运行与维护

一、运行

日常使用过程中，设备能够自行进行运转，如果发生掉电，上电后计算机及程序会自动启动运行，软件参数设定需要专业技术人员进行。

（一）运行要求

（1）各子站压力变送器、数据采集卡板、信号调理器、GPS 接收器、通讯数据网卡等硬件设备完好，中心站工作站完好。

（2）各子站与中心站通讯正常。

（3）各子站及中心站监控软件能够监测压力趋势曲线，系统初步判断发生原油泄漏后，发出报警提示操作人员；系统软件界面友好，操作简单方便；操作人员可以选择进入手动定位程序，根据管线运行情况，判断是否发生泄漏并确定泄漏点位置。

（二）巡检关键点

1. 子站

子站巡检时，应检查子站通讯是否正常；压力数据是否正常；时间同步软件是否正常；防病毒软件是否正常。

2. 中心站

中心站巡检时，应检查中心站与子站通讯是否正常；各子站压力数据是否正常；中心站工作站运行是否正常；时间同步软件是否正常；防病毒软件是否正常。

（三）运行案例

使用手动定位对泄漏点进行定位，先选择管段、要查看的时间段，单击"读数据"则将数据显示在趋势图中，使用缩放工具放大各图中相应的压力下降或上升部分，移动绿色十字光标至下降沿或上升沿的准确位置，见图 6-9。

在定位过程中，需要注意以下几点：首先，使用缩放工具放大上下游监测点中相应的压力下降或上升部分；其次，将鼠标移至趋势图右下方的图标，在左键弹出的快捷菜单中选择"Bring to Center"将光标移到图形的中间；然后将鼠标移至█图标，在左键弹出的快捷菜单中选择"Snap to point"使趋势图中的十字光标锁定在压力曲线上；将鼠标移至趋势图左下方的█图标，点击左键以激活趋势图中的移动光标功能；将上下游监测点的绿色十字光标均移动到对应位置后，单击"定位"，系统将自动计算并显示定位结果，再按"确定"退回手动定位。在进行手动定位时，确保上下游监测点中的压力趋势或者都是下降沿，或者都是上升沿，应避免一个监测点为下降沿，另一个监测点为上升沿。点击"保存结果"，将此次泄漏发生的时间和具体位置就会保存到定位记录中。

二、维护

（一）维护内容

1. 工作站的维护

（1）每年应对历史数据进行备份并删除较早时间的历史数据，每年做一次系统备份，以备在发生故障时快速恢复系统。备份时对接入系统的硬盘、U 盘要查、杀毒，确认无毒后再使用。

（2）每周检查工作站的时钟同步及杀毒软件运行情况。

2. 信号调理器的维护

信号调理器如图 6-10 所示。现场压力变送器的信号要经过信号调理器的处理后，才能供管道泄漏检测系统使用。因此信号调理器的维护工作，对整个系统运行的稳定性起到至关重要的作用。

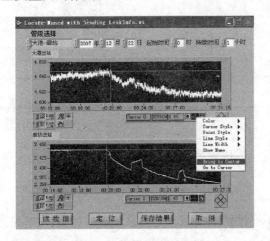

图 6-9　定位示意图　　　　　　　　图 6-10　信号调理器

（1）定期检查信号调理器的各输入电源电压是否正常。

通过信号调理器的面板上的 4 个电源指示灯，检查信号调理器的供电是否正常；也可以通过检查信号调理器相应引脚上的电压来进一步判断其供电情况。

（2）若系统显示的压力波动较大，并且信号调理器的各输入电源供电正常，可以通过分别检查信号调理器的电流输入端和电流输出端的电流是否有相同的波动性作为衡量信号调理器是否正常工作的标准。

按照图 6-11 接线定义及原理图将直流电源、信号发生器与信号调理板正确连接，使用万用表测量对应通道输出电压，输入电流与输出电压的对应关系如表 6-4 所示，则为正常；如果不是输入电流与输出电压的对应关系，可更换信号调理模块备件查看是否是由于信号调理板故障造成。

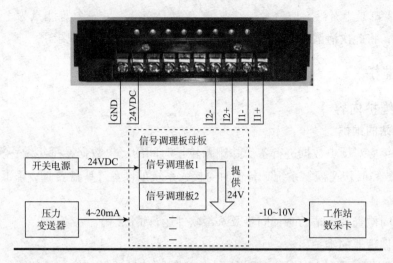

图6-11 接线定义及原理图

表6-4 输入电流与输出电压的对应关系

序号	输入	输出
1	4mA	－ （10±0.1） V
2	12mA	（0±0.1） V
3	20mA	（10±0.1） V

3. 软件维护

泄漏检测系统软件使用 Windows 操作系统，人机界面友好，操作简单方便，操作人员可以迅速学习掌握系统的使用及维护。

（1）软件维护密码

系统软件为了确保系统安全性，配置了不同的使用权限，进行系统参数设置、删除记录和系统退出等，均需输入相应的密码。

（2）参数调整

每次发生管道泄漏后，应及时将系统的报警和定位信息与实际情况进行对比分析，检查系统参数设置是否需要优化。

参数设置密码用于进入"参数设置"子菜单，对系统参数进行必要的修改。

出站报警阈值和进站报警阈值表示的是压力下降的百分比，在日常运行中，当系统经常出现漏报警的情况，则可以根据压力下降的百分比适当降低阈值；当系统经常出现误报警的现象，则可以根据压力下降的百分比适当提高阈值。系统的初始报警阈值是技术人员经过大量现场试验和经验得出的科学结果，阈值的修改必须由熟知本软件的资深人员来执行。

（二）常见故障及处理

泄漏检测系统常见故障及处理见表6-5。

表 6-5　泄漏检测系统常见故障及处理

序号	故障现象	处理方法
1	监测点通讯指示灯为红色	1）Ping 子站 IP 地址，连接中断，察看通讯线路是否故障或子站是否断电或死机； 2）Ping 子站 IP 地址，如果 Ping 通，利用 VNC 远程察看子站软件是否运行正常
2	监测点无压力数据或数据异常	1）检查通讯是否中断； 2）查看 SCADA 系统对应压力数据是否正常； 3）以上都正常可确认为压力模块故障
3	时间不同步	在"北京时钟"上点击右键 – servers – ok – status 同步 – options 设置 IP 地址，并同步

（三）典型维护案例分析

案例 1：压力数据异常波动

1. 故障现象

输送油品无变化，各站也无工艺操作，某站进站压力数据异常波动。

2. 故障原因分析

（1）查看 SCADA 系统对应压力数据、现场压力变送器显示数值和泄漏检测系统界面压力值是否一致。

（2）信号调理板故障。

3. 故障处理

（1）查看 SCADA 系统对应压力数据、现场压力变送器一致，泄漏检测系统压力值波动。

（2）解除水击更换信号调理板后恢复正常。

案例 2：压力数据显示异常

1. 故障现象

某站进站压力数据与 SCADA 系统数据不符

2. 故障原因分析

（1）通讯故障。

（2）压力变送器故障。

（3）压力采集模块故障。

3. 故障处理

（1）查看泄漏检测系统该站通讯，发现通讯灯正常，ping 某站 IP 地址正常。

（2）查看现场压力变送器，与 SCADA 系统数据一致。

（3）检查压力采集模块，发现输出电压异常，解除该站进站线水击保护，更换压力采集模块后，数据恢复正常。

思考题

1. 请列举输油管道常用泄漏预警方法及其优缺点。

2. 谈谈影响负压波法泄漏检测检出率及定位精度的因素。

3. 泄漏检测系统中心站日常巡检哪些内容？子站时间异常如何处理？

4. 简述泄漏检测系统工作原理、系统组成。

5. 如果某站出现上下站参数中断，本站参数正常，可能故障原因是什么？在调度中心泄漏检测主站会出现什么情况？

第七章　SCADA 系统应急管理与故障处置

第一节　概述

SCADA 系统应急管理是指在 SCADA 系统突发故障时，为降低或消除 SCADA 系统故障对输油生产的影响，进行的现场应急处置。SCADA 系统应急管理主要包括 SCADA 系统故障风险分析及原因分析、SCADA 系统故障应急管理汇报处理程序、现场应急处置程序和善后处置工作。

第二节　SCADA 系统故障分类

SCADA 系统故障主要分为中控系统故障、站控系统故障、远控阀室系统故障及仪表设备故障等。

（1）中控系统故障主要有：所有管线中控系统全部瘫痪、部分管线中控系统全部瘫痪、管线部分站场数据全部不更新、管线部分站场数据部分不更新、管线部分站场输油设备无法中控操作等。

（2）站控系统故障主要有：站控操作站及 PLC 全部瘫痪、站控操作站全部瘫痪但 PLC 及 RTU 运行正常、联锁保护误动作、输油设备误动作、输油设备不能远控、站控部分数据不更新等。

（3）远控阀室系统故障主要有：远控阀室数据不更新、远控阀室阀门误动作、远控阀室阀门不能远控等。

（4）仪表设备故障主要有：调节阀故障、泄压阀故障、联锁回路及控制回路仪表故障等。

第三节　典型故障的风险及原因分析

SCADA 系统常见故障的风险分析及原因分析见表 7-1。

表 7-1　典型故障的风险分析及原因分析

典型故障举例	故障风险分析	故障原因分析
所有管线中控系统全部瘫痪	1）所有管线或部分管线的生产运行数据在调度中心不能实时显示和更新，调度中心不能实施中控操作； 2）中心的水击超前保护控制失效；	1）SCADA 主、备服务器软、硬件均故障； 2）SCADA 主、备操作站软、硬件均故障； 3）系统供电中断、双 UPS 电源均故障； 4）站场主、备 RTU 均故障； 5）远控阀室主、备 RTU 均故障； 6）远程主、备通讯线路均中断； 7）主、备路由器、交换机均故障； 8）站控主、备 PLC 均故障； 9）自然灾害等其他原因
部分管线中控系统全部瘫痪	3）中心调度只能通过电话了解各站场的生产情况，影响调度中心对部分管线的运行指挥，可能存在因运行指挥不及时造成管线憋压漏油、油罐溢油、海上溢油等风险	
管线部分站场数据全部不更新	1）管线部分站场的生产运行数据在调度中心不能实时显示和更新，调度中心不能实施中控操作； 2）部分站场的水击超前保护控制失效； 3）中心调度只能通过电话了解站场的生产情况，影响调度中心对部分站场的运行指挥，可能存在因运行指挥不及时造成管线憋压漏油、油罐溢油等风险	
管线部分站场输油设备无法中控操作	1）管线部分站场输油设备调度中心不能实施中控操作； 2）部分站场的水击超前保护控制可能失效； 3）存在因运行操作不及时造成管线憋压漏油、油罐溢油等风险	
站控操作站、PLC 全部瘫痪	1）本站的生产运行数据调度中心和站控都不能实时显示和更新，本站的所有输油设备都不能实施远控操作； 2）本站的水击超前和安全联锁软保护全部失效，只有泄压阀和压力开关的硬保护有效； 3）只能通过现场仪表读取站场的生产运行参数，影响调度中心和站控对本站的运行指挥和操作，可能存在因运行指挥和操作不及时、操作失误或系统故障导致设备误动作造成管线憋压漏油、油罐溢油、海上溢油等风险	1）站控主、备操作站均故障； 2）主、备 PLC 均故障； 3）PLC 与阀门控制器主、备通讯均故障； 4）库存管理工作站、雷达液位计 FCU 主、备通讯均故障； 5）PLC 与变配电系统、计量流量计算机、超声波流量计通讯故障； 6）远程 I/O 模块、通讯模块、主备通讯电缆、模块接线端子故障； 7）主、备交换机均故障； 8）系统供电中断、UPS 电源故障； 9）自然灾害等其他原因
站控操作站全部瘫痪，PLC、RTU 运行正常	1）站控不能实时显示和更新本站所有生产运行数据、不能远控操作本站所有输油设备，调度中心对该站的数据采集和监控功能正常； 2）站控只能通过现场仪表读取站场的生产运行参数，影响站控对站场的运行操作，可能存在因运行操作不及时或操作失误造成管线憋压漏油、油罐溢油、海上溢油等风险	
联锁保护误动作	1）造成联锁设备停运或联锁阀门关闭，可能造成全线降量或非计划停输； 2）存在联锁关闭阀门造成管线憋压漏油、油罐溢油、海上溢油等风险	
输油设备误动作	1）可能造成全线降量或非计划停输； 2）存在阀门误动作关阀造成管线憋压漏油、海上溢油等风险； 3）存在阀门误动作开阀造成储油罐串油等风险	
输油设备不能远控	存在因运行操作不及时造成管线憋压漏油、油罐溢油、海上溢油等风险。	
站控部分数据不更新	1）可能因生产运行数据失真引起误判或误操作； 2）存在因运行操作不及时或误操作造成管线憋压漏油、海上溢油、油罐溢油等风险	

典型故障举例	故障风险分析	故障原因分析
远控阀室数据不更新	1）可能因数据失真引起误判； 2）阀门不能远控，在管线发生泄漏时存在不能及时关断远控阀门、漏油不能有效控制造成势态严重扩散的风险； 3）造成相关的水击超前保护失效	1）阀室主、备 RTU 均故障； 2）远程主、备通讯线路均中断； 3）主、备路由器、交换机均故障； 4）系统供电中断、UPS 电源故障； 5）自然灾害等其他原因
远控阀室阀门误动作	阀门误动作关阀会造成管线非计划停输、憋压漏油、海上溢油等风险	
远控阀室阀门不能远控	管线发生泄漏时存在不能及时关断远控阀门、漏油不能有效控制造成势态严重扩散的风险	
调节阀故障	出现阀门自动调节失效、不能远控、误动作等情况，存在阀门误动作关阀造成全线联锁保护动作、水击超前保护动作、管线非计划停输、憋压漏油、海上溢油等风险	
联锁回路、控制回路仪表故障	1）联锁回路仪表故障会造成联锁动作，水击源联锁回路的仪表故障会造成水击保护动作或失效； 2）控制回路仪表故障会造成自动调节失效或调节阀误动作； 3）存在管线非计划停输、憋压漏油、海上溢油等风险	仪表设备本体或其附属单元故障
泄压阀故障	1）管线正常运行压力下泄压阀泄压，影响管线正常运行； 2）管线超压后不泄压，泄压保护失效，管线安全保护等级下降	

第四节　应急管理汇报处理程序

一、中控系统故障

（1）当中控系统出现故障时，调控中心调度应进行：

a）立即通报相关二级单位调度，对于一级调控管线应同时通报相关输油站队调度；

b）采取相应的工艺应急处置措施；

c）安排抢维修中心进行抢修，并协调相关专业部门协助处置。

d）及时记录、跟踪、通报处置情况。

（2）二级单位调度接到调控中心调度通报后应进行：

a）立即报告生产部门负责人，并通报相关输油站队调度；

b）及时记录、跟踪、通报处置情况。

（3）输油站队调度接到调控中心调度通报后应进行：

a）立即报告站领导；

b）及时记录、跟踪处置情况；

c）加强站内运行监护。

（4）抢维修中心接到调控中心调度通报后应进行：

a）立即安排相关人员实施抢修作业；

b）及时记录、跟踪并备案抢修信息；

c）抢修作业结束，向调控中心上报处置信息。

二、站控系统、远控阀室系统及仪表设备故障

（1）当出现站控系统故障、远控阀室系统故障及仪表设备故障时，输油站队应进行：

a）站队调度立即报告站领导和二级单位调度，对于一级调控管线应同时上报徐州调控中心；

b）采取相应的应急处置措施，并根据上级调度指令调整输油生产运行方式；

c）加强站内运行监护。

（2）二级单位调度接到站队调度报告后应进行：

a）立即报告生产部门负责人和调控中心调度；

b）立即安排二级单位抢维修队进行抢修；

c）及时记录、跟踪、通报处置情况。

（3）调控中心接到站队调度报告后应进行：

a）及时记录、跟踪处置情况；

b）制定并下达输油生产调整方案；

（4）二级单位抢维修队接到站队调度报告后应进行：

a）安排相关人员实施抢险作业；

b）及时记录、跟踪并备案抢险信息；

c）根据抢险作业危害及处置情况确定是否向上级申请协助；

d）抢险作业结束，向二级单位调度上报处置信息。

第五节　现场应急处置程序

一、典型中控系统故障

（一）所有管线中控系统全部瘫痪

调控中心所有管线中控系统全部瘫痪时的应急处置程序见图7-1。

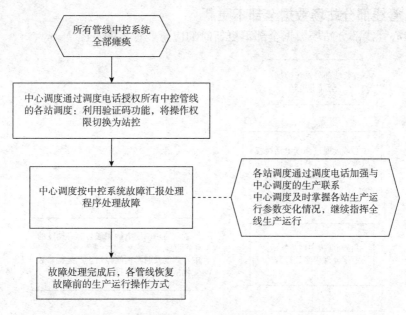

图 7-1　所有管线中控系统全部瘫痪应急处置程序

（二）部分管线中控系统全部瘫痪

调控中心部分管线中控系统全部瘫痪时的应急处置程序见图 7-2。

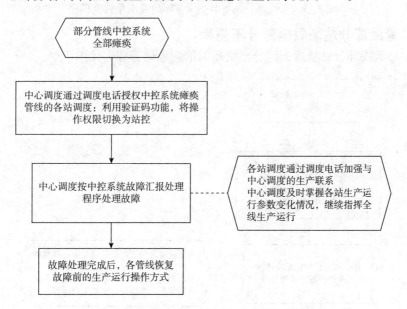

图 7-2　部分管线中控系统全部瘫痪应急处置程序

（三）管线部分站场数据全部不更新

调控中心管线部分站场数据全部不更新时的应急处置程序见图7-3。

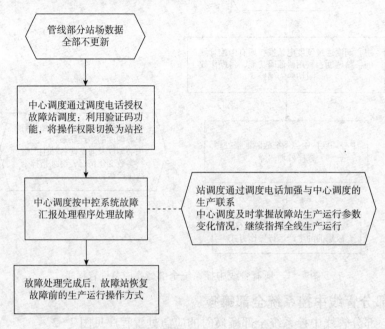

图7-3　管线部分站场数据全部不更新应急处置程序

（四）管线部分站场数据部分不更新

调控中心管线部分站场数据部分不更新时的应急处置程序见图7-4。

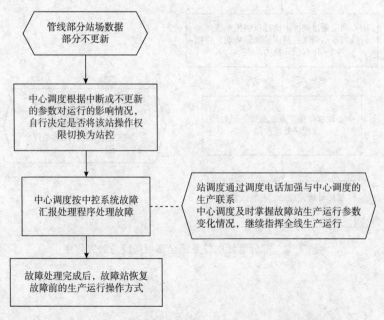

图7-4　管线部分站场数据部分不更新应急处置程序

（五）管线部分站场输油设备中控操作失败

调控中心管线部分站场输油设备中控操作失败时的应急处置程序见图 7-5。

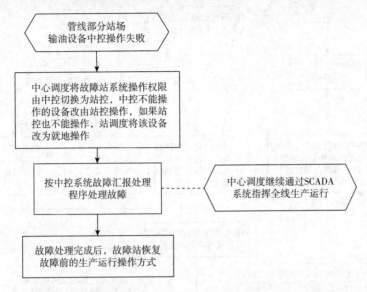

图 7-5　管线部分站场输油设备中控操作失败应急处置程序

二、典型站控系统故障

（一）站控操作站和 PLC 全部瘫痪

站队站控操作站和 PLC 全部瘫痪时的应急处置程序见图 7-6。

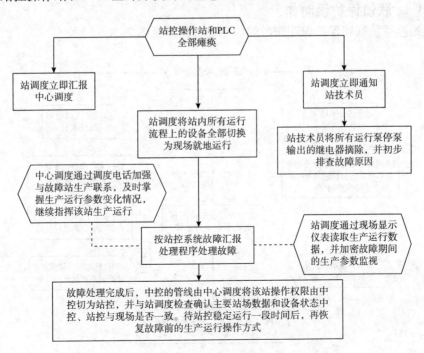

图 7-6　站控操作站和 PLC 全部瘫痪应急处置程序

（二） 站控操作站全部瘫痪，PLC、RTU 运行正常

站队站控操作站全部瘫痪，PLC、RTU 运行正常时的应急处置方案见图 7-7。

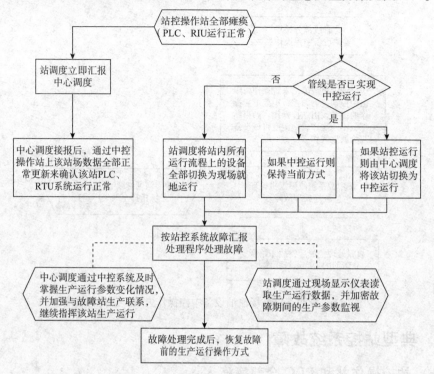

图 7-7　站控操作站全部瘫痪，PLC、RTU 运行正常应急处置程序

（三） 联锁保护误动作

站队站控系统联锁保护误动作时的应急处置程序见图 7-8。

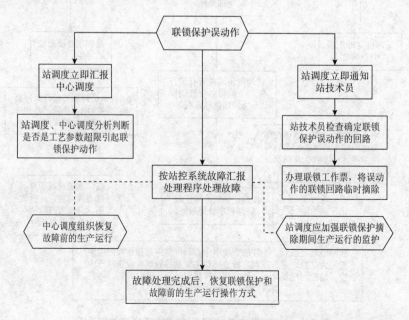

图 7-8　联锁保护误动作应急处置程序

(四) 输油设备误动作

站队站控系统输油设备误动作时的应急处置方案见图 7-9。

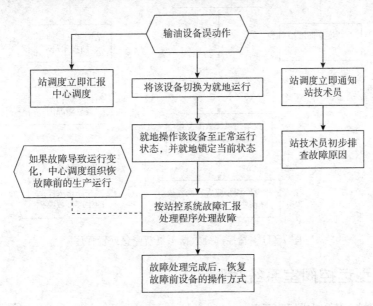

图 7-9 输油设备误动作应急处置程序

(五) 输油设备不能远控

站队站控系统输油设备不能远控时的应急处置程序见图 7-10。

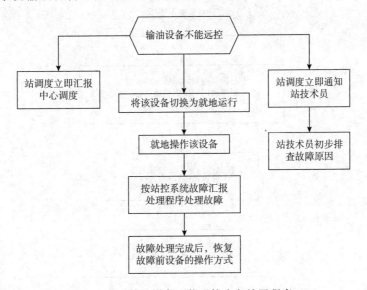

图 7-10 输油设备不能远控应急处置程序

(六) 站控部分数据不更新

站队站控系统站控部分数据不更新时的应急处置方案见图 7-11。

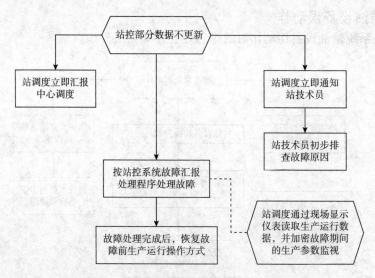

图 7-11　站控部分数据不更新应急处置程序

三、典型远控阀室系统故障

（一）远控阀室数据不更新

远控阀室数据不更新时的应急处置程序见图 7-12。

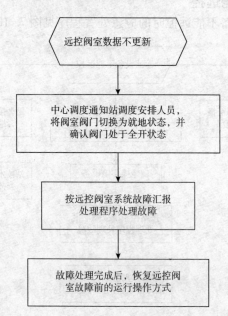

图 7-12　远控阀室数据不更新应急处置程序

（二）远控阀室阀门误动作

远控阀室阀门误动作时的应急处置程序见图 7-13。

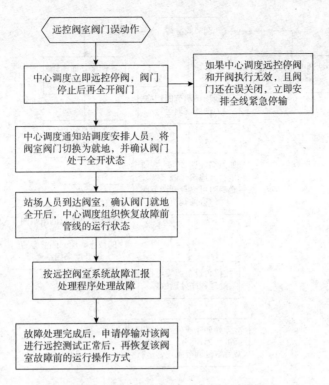

图7-13　远控阀室阀门误动作应急处置程序

（三）远控阀室阀门不能远控

远控阀室阀门不能远控时的应急处置程序见图7-14。

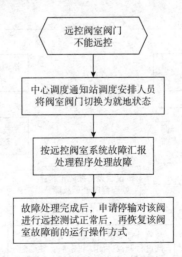

图7-14　远控阀室阀门不能远控应急处置程序

四、典型仪表设备故障

（一）调节阀故障

站队现场调节阀故障时的应急处置程序见图7-15。

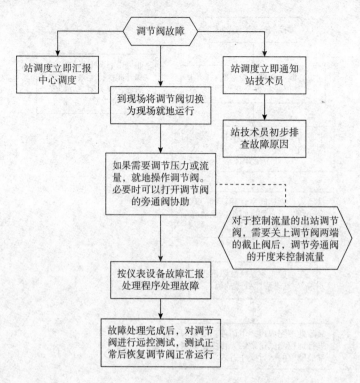

图 7-15　调节阀故障应急处置程序

（二）泄压阀故障

站队现场泄压阀故障时的应急处置程序见图 7-16。

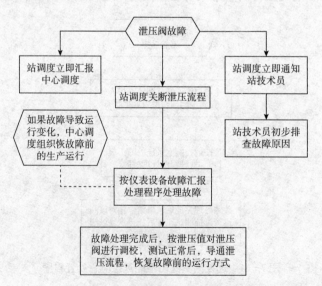

图 7-16　泄压阀故障应急处置程序

（三）联锁回路、控制回路仪表故障

站队现场联锁回路、控制回路仪表故障时的应急处置程序见图 7-17。

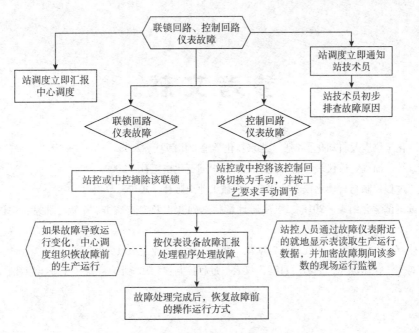

图 7-17　联锁回路、控制回路仪表故障应急处置程序

第六节　善后处置工作

（1）调度运行人员按照现场应急处置程序恢复生产；

（2）SCADA 系统故障应急处置终止后，抢维修现场处置技术人员应根据本次应急处置的过程负责编写 SCADA 系统应急处置总结，内容包含：故障现象、原因分析、现场应急处置情况及故障处理情况以及对故障处理的建议等；

（3）针对现场仪表设备故障的情况，仪表技术人员应填写本单位的《仪表设备故障及检修记录》；

（4）抢维修中心应根据事件类别和现场处置技术人员的 SCADA 系统应急处置总结，对现场损坏的仪表设备情况进行汇总、归档。

各输油生产单位要高度重视 SCADA 系统故障引起的突发事件，坚决杜绝漏报、瞒报现象，要及时总结，按计划开展应急演练，做到科学的应对 SCADA 系统故障，把事故和事件的影响降到最低程度。

思考题

1. 当中控某管线站场数据全部中断时，它的故障风险是什么？

2. 分析某站场输油设备无法中控操作的原因。

3. 当某管线中间站调节阀异常关闭，应该怎样进行应急处置？

参 考 文 献

[1] 厉玉鸣. 化工仪表及自动化：4 版. 北京：化学工业出版社，2006.

[2] 黄春芳，等. 油气管道仪表与自动化. 北京：中国石化出版社，2009.

[3] 刘波峰. 过程控制与自动化仪表. 北京：机械工业出版社，2012.

[4] 中国计量测试学会组编. 2018 二级注册计量师基础知识及专业实务：4 版. 北京：中国质检出版社，2017.

[5] 吴明，孙万富，周诗崇. 油气储运自动化. 北京：化学工业出版社，2006.

[6] 施仁，刘文江，郑辑光，王勇. 自动化仪表与过程控制：5 版. 北京：电子工业出版社，2011.